KATHARINA LINTHE
VILLA_KAROLE

TERRASSEN — TRAUM

WIE EIN WOHNZIMMER IM GRÜNEN ENTSTEHT

KOSMOS

INHALT

OUTDOOR-LIVING

WIE DER TERRASSEN-TRAUM WAHR WIRD

Hey, ich bin Rina und ich habe dieses Buch verfasst, auch wenn es nie mein Ziel war, ein eigenes Buch zu schreiben. Aber meine Leidenschaft zur ästhetischen Gartengestaltung und dem Willen, alles in und um unser Haus selbst zu gestalten, hat mich dieses Abenteuer erleben lassen.
Meine Begeisterung zum Thema Gartengestaltung und Inneneinrichtung teile ich auf meinem Social-Media-Account @villa_karole und gebe mein Wissen, meine Erfahrung und meine Ideen gerne preis. Ich bin voller Energie und sprudele vor Ideen, die ich auch alle selbst in die Tat umsetze.

Egal, wie groß das Projekt ist, ich versuche es alleine anzugehen und möchte so andere motivieren, an sich zu glauben und über sich hinauszuwachsen. Und das soll auch mein Buch bewirken: Mit ein wenig Knowhow und Vorstellungskraft kann jeder seine Traumterrasse entstehen lassen. Ich hoffe sehr, mein Buch hilft euch bei eurer Terrassenplanung und der Entstehung eines zweiten Wohnzimmers unter freiem Himmel.

Und jetzt wünsche ich euch viel Freude beim Lesen und Inspirierenlassen.

PLANUNG

PERGOLUX

Was will ich? Was brauche ich?

Wir wollen eine Terrasse! So weit, so gut. Vor dem Start des Terrassenbaus liegen aber noch einige Schritte, die euch von eurem Outdoor-Wohnzimmer-Glück trennen. Größe, Ausrichtung, Material und baurechtliche Hinweise sollten vorher durchdacht werden.

1

Auf der eigenen Terrasse sitzen, die Wohlfühloase des eigenen Gartens genießen. Das klingt gut, oder? Bis dahin liegt oft ein langer Weg, der viele Überlegungen mit sich bringt. Es gilt tatsächlich, einige Dinge zu beachten, die vielleicht nicht so offensichtlich sind, aber dennoch wichtig.

WIR STARTEN MIT DER GRÖSSE

Bei der Terrassengröße sollte man sich zuallererst die Frage stellen, was man auf seiner Terrasse alles unterbekommen will. Reicht ein Essplatz aus oder soll auf der Terrasse auch eine Lounge-Ecke integriert werden, eventuell sogar mit einer Feuerstelle? Soll das Element Wasser auf der Terrasse platziert werden, in Form eines Wasserbeckens oder gar eines Whirpools?
Was will ich? Ist hier also die erste Frage. Macht euch am besten eine Liste mit Dingen, die euch gefallen und worauf ihr nicht verzichten wollt.
Wie viel? Ist die nächste wichtige Frage. Wie viele Personen leben in eurem Haushalt und sollen auf der Terrasse Platz finden? Wie groß muss somit der Tisch sein und wie viel Platz nehmen die Stühle ein. Wollt ihr eventuell Gartenpartys auf eurer Terrasse ausrichten können oder weicht ihr lieber auf die Rasenfläche aus? Achtet bei der Größenplanung der Terrasse auch immer auf die Größe eures Gartens. Bei einem riesigen Grundstück kann eine zu kleine Terrasse sehr schnell verloren wirken.
Sind diese Fragen geklärt und die persönlichen Bedürfnisse abgesteckt, kann man an eine reelle Größenplanung herantreten. Ich habe unsere Gartenplanung und somit auch die der Terrasse mit einem Planungsprogramm erstellt. Eine Zeichnung mit Stift und Zettel erfüllt aber den gleichen Zweck. Während der Planung sollte die Größe von Tisch, Stühlen und Lounge berück-

1. + 2. Die Lounge füllt den Platz optimal aus, Laufwege sind gegeben und es entsteht kein unnötiger Leerraum.

2

sichtigt werden, aber die Laufwege müssen ebenso bedacht werden. So kann man sich entspannt und frei auf der Terrasse bewegen. Mit so einer Zeichnung können die Größenverhältnisse maßstabsgetreu abgeschätzt werden und ihr bekommt eine genaue Vorstellung, wie die Terrasse in eurem Garten später aussehen könnte.

Form & Tiefe

Natürlich spielt auch die Form der Terrasse eine große Rolle. Es gibt hierbei verschiedene Möglichkeiten, die Terrasse anzulegen. Die Gegebenheiten des Grundstücks und des Hauses muss man berücksichtigen.
Wir haben unsere Terrasse zum Beispiel klassisch über die gesamte Hausbreite angelegt. Es ist aber möglich, die Terrasse nur über einen Teil der Hausbreite zu planen oder sogar über diese hinaus. Zudem sollte man sich über die Tiefe der Terrasse Gedanken machen. Soll diese an allen Stellen gleich tief sein oder wollt ihr zum Beispiel den Loungebereich durch eine größere Tiefe hervorheben? So eine asymmetrische Gestaltung der Terrasse kann den Garten sehr spannend machen und lässt ein gewisses Raumgefühl entstehen.
Der Belag der Terrasse kann beispielsweise ihre Tiefe vorgeben. Es ist daher ratsam, die Tiefe der Terrasse an die Maße des Belages anzupassen, um möglichst wenig Verschnitt zu haben. Wir haben Terrassenplatten in den Maßen 75 x 75 cm und insgesamt fünf Platten in der Tiefe verlegt. Das ist nicht nur eine Arbeitserleichterung, sondern spart ebenso Material, Ressourcen, Zeit und Geld.

Baurechtliche Regeln

Leider ist die Planung der Terrassengröße damit noch nicht abgeschlossen. Hinzu kommen baurechtliche Regeln, die es zu beachten gilt. Dies wird von der Landesbauordnung der jeweiligen Bundesländer oder im Bebauungsplan innerhalb der Gemeinden gesondert geregelt und ist individuell zu betrachten. Hier ist es ratsam, sich vorher bei seinem Bauamt zu erkundigen.
Es gibt keine allgemeine Antwort darauf, wie groß die Terrasse maximal sein darf. Es gilt aber: je größer das Grundstück, desto größer darf die Terrasse sein. Denn es ist ein prozentualer Anteil festgelegt, der insgesamt von der Grundstücksfläche versiegelt werden darf. Die Versiegelung des Grundstückes umfasst alle Flächen, die nicht mehr natürlich bewachsen werden können und auf denen das Regenwasser nicht versickern kann. Dazu zählen neben der Grundfläche des Hauses und der Nebengebäude (z. B. Garage, Schuppen) auch alle gepflasterten Flächen wie die Terrasse oder Einfahrt.

Grenzabstand

Der Grenzabstand spielt eine wichtige Rolle. Ähnlich wie beim Hausbau, gibt es beim Terrassenbau Mindestabstände, die zum Nachbarn eingehalten werden müssen. Die einzuhaltenden Grenzabstände unterscheiden sich von Bundesland zu Bundesland und müssen individuell geprüft werden.

Eine Holzterrasse bringt Gemütlichkeit in den Garten.

Eine Steinterrasse schafft einen cleanen und modernen Look. In Kombination mit Pflanzen und der richtigen Möblierung wird die Terrasse gemütlich.

MATERIALAUSWAHL

Nachdem Größe und Form der Terrasse bedacht sind, geht es an die Materialauswahl. Und auch das ist wieder mit vielen Eventualitäten und Möglichkeiten verbunden. Hier gibt es nicht nur die Wahl zwischen Stein und Holz. Die Produktauswahl ist sehr viel breiter gefächert und sollte, ähnlich wie die Größe, auf die persönlichen Bedürfnisse und den persönlichen Geschmack abgestimmt werden. Sie sollte aber auch zum Stil des Hauses passen.

Was will ich? Lautet hier ebenfalls die erste Frage. Also, was gefällt mir eigentlich und welchen Stil möchte ich mit meinem Garten einschlagen. Hier war für mich die Onlinerecherche in Online-Portalen sehr hilfreich, wie z. B. Pinterest oder Instagram. Beides stellt eine sehr gute Inspirationsquelle dar, um erst einmal ein Gefühl dafür zu bekommen, in welche Richtung es gehen soll und was einem überhaupt gefällt. Neben der Optik sollte man sich auch noch eine weitere Frage stellen:

Was will ich nicht? Es gibt viele Faktoren, die einen Terrassenbelag aus dem Rennen kicken können. Zum Beispiel spielt die Wärmeaufnahme und -speicherung des Materials im Sommer eine große Rolle. Wird das Material zu heiß, kann das entspannte Barfußlaufen im Garten schnell brandgefährlich werden. Ist das Element Wasser im Garten vertreten oder laufen die Kinder im Sommer durch den Rasensprenger, wird ein rutschhemmender Belag benötigt, um mögliche Unfälle durch Ausrutschen zu vermeiden. Ein weiterer wichtiger Punkt ist die Reinigung. Insbesondere sehr rutschfeste Terrassenplatten haben eine sehr raue Oberfläche. Trifft man hier die falsche Wahl, ärgert man sich mit einer stets dreckigen Terrasse, die meist nur der Hochdruckreiniger in den Griff bekommt. Und nicht zuletzt spielt der Kostenfaktor natürlich eine wichtige Rolle in der Wahl des Materials. Es gibt eine sehr große Preisspanne pro m^2 bei den unterschiedlichsten Belägen.

1

1. Eine Kombination von Materialien (hier Holz und Stein) lockert eine Terrasse auf und unterstützt die Zonenbildung.

2. WPC-Dielen punkten mit dem natürlichen Look eines Holzbelages, gepaart mit dem Vorteil der Witterungsbeständigkeit.

TERRASSENBELÄGE

Holz, Stein oder WPC-Dielen? Was ist der Unterschied und wo liegen eventuelle Vor- und Nachteile der jeweiligen Terrassenbeläge?

Holzdielen

Eine Holzterrasse fügt sich harmonisch in den Garten ein. Das Naturmaterial bringt eine gemütliche und wohnliche Atmosphäre auf die Terrasse. Es empfiehlt sich, Hartholz zu verwenden, wie z. B. Teak oder Bangkirai, denn diese weisen eine längere Haltbarkeit auf. Holzdielen heizen sich in der Sonne kaum auf und sind sehr angenehm am Fuß. Bei Feuchtigkeit jedoch werden sie schnell rutschig. Zudem weist eine Holzterrasse einen erhöhten Pflegebedarf auf. Je nach Holzart und -qualität muss das Holz einmal jährlich aufbereitet werden, um es zu pflegen und splitterfrei zu halten.

WPC-Dielen

WPC ist ein strapazierfähiger und langlebiger Holz-Verbundwerkstoff, der als Alternative zu echten Holzdielen gilt. Die WPC-Dielen sind vor Verrottung und Verwitterung geschützt und können nicht splittern. Somit hält sich der Pflegeaufwand in Grenzen. Mittlerweile kommt das Design von WPC-Dielen immer mehr an echte Holzdielen heran und rein optisch sind sie sich sehr ähnlich. Es gibt eine große Auswahl an verschiedenen Dekoren und Strukturen. WPC-Dielen heizen sich, insbesondere bei dunklen Farben, in der Sonne stark auf. Dazu kommt die kürzere Haltbarkeit mit einer Hohlkammer. Experten empfehlen hier immer ein Vollprofil zu wählen. Bei starker Sonneneinstrahlung kann auch eine WPC-Diele über die Jahre vergrauen.

Steinterrasse

Es gibt verschiedene Möglichkeiten, die Terrasse mit Steinen zu belegen. Die erste Variante sind Pflastersteine. Wenn man einen rustikalen Garten anstrebt, kann dies die richtige Wahl sein. Es ist ebenfalls möglich, Fliesen als Terrassenbelag zu wählen. Die Fliesen müssen bei der Verlegung zwingend verklebt werden, da sie sonst brechen können. Des Weiteren gibt es großformatige Betonplatten und Terrassenplatten aus Keramik oder Naturstein. Alle diese Platten weisen die gleichen Vorteile auf: Sie sind sehr robust, langlebig, witterungsbeständig und pflegeleicht. Je nach Oberflächenbeschaffenheit sind Terrassenplatten auch sehr rutschhemmend, was insbesondere mit Kindern von Vorteil ist. Zudem gibt es eine unendliche Auswahl an verschiedenen Formaten, Farben und Strukturen. Im Gegenzug dazu steht, dass sich insbesondere dunkle Platten in der Sonne sehr schnell und stark aufheizen. Bei hellen Platten ist dies wiederum kein Problem.

2

Terrassenformen

TERRASSEN-INSPIRATION

Jeder Garten ist verschieden und die Terrasse sollte an die Gegebenheiten des Grundstückes, des Hauses und des Sonnenverlaufes angepasst werden. Es gibt für jede Situation die perfekte Terrassen-Lösung.

1 Große Terrasse

Hat man den Platz für eine große Terrasse, bietet sich die Möglichkeit an, diese in zwei Zonen zu unterteilen. Verbunden sind die beiden kleinen Terrassen mit einem Weg, begleitet von einem Wasserbecken. Das Beet bettet sich zwischen den Terrassen ein und sorgt für eine gemütliche Atmosphäre. So sind Ess- und Loungebereich optisch und räumlich ideal voneinander getrennt und das Element Wasser, in Verbindung mit den Pflanzen, schafft Behaglichkeit.

2 Der Sonne hinterher

Möchte man auf seiner Terrasse immer ein sonniges Plätzchen haben, dann bietet sich eine Terrasse in L-Form an. Diese bringt, bei einer süd-östlichen Ausrichtung, den Vorteil, dass man der Sonne (oder dem Schatten) hinterherziehen kann. Hier hat man fast immer einen sonnigen und einen schattigen Platz, ohne zusätzlichen Sonnenschutz aufzustellen. Die ideale Lösung, um die Ausrichtung perfekt zu nutzen.

3 Der „kleine" Garten

Insbesondere in kleinen Gärten ist das Schaffen von Zonen wichtig, um den Garten zu strukturieren und ihn sinnvoll zu füllen.
Das Beispiel zeigt ein Reihenendhaus, hier ist die Hauptterrasse meist recht klein. Es bietet sich an, eine Zweitterrasse zu errichten, um den benötigten Platz zu erweitern. In dem Fall ist die zusätzliche Terrasse an das Ende des Grundstückes gerückt, um die Optik etwas aufzulockern. Verbunden mit Wegen, die zu den einzelnen Stationen im Garten führen.

4 Ausgelagerte Lounge

Eingebettet in einem Meer aus Bäumen und Sträuchern, befindet sich die ausgelagerte, zweite Terrasse im hinteren Bereich des Gartens. Verbunden sind die beiden Terrassen mit einem „Steg" – so bildet sich eine optische Einheit. Diese Gestaltungsmöglichkeit ist sinnvoll, wenn die Terrasse östlich ausgerichtet ist. Auf der nach hinten verlagerten Terrasse kann man auch nachmittags und abends die Sonne genießen.

Standort

Eine Terrasse mit Südausrichtung – herrlich! Das klingt nach Sommer, Sonne und etwas Urlaub. Aber eine Südterrasse ist nicht für jeden optimal. Auch bei der Ausrichtung gilt wieder: Es muss für jeden nach seinen persönlichen Wünschen geplant werden.

2

1

Natürlich geben Ausrichtung und Lage des Hauses oft auch den Standort der Terrasse vor. Hier ist man meist nicht sehr flexibel in der Beantwortung der Frage: „Wohin mit der Terrasse?" Aber es gibt Tricks und Möglichkeiten, die Terrasse „der Sonne nach" zu planen. Dazu muss man sich erst einmal im Klaren sein, welche Ausrichtung welche Vor- bzw. Nachteile mit sich bringt, und was man selbst eigentlich will. Denn pauschal kann man die Frage nach der perfekten Ausrichtung nicht beantworten. Das hängt wieder von sehr vielen individuellen Faktoren ab.

SÜDEN BIS NORDEN

Starten wir mit der Südausrichtung. Eine Terrasse gen Süden ausgerichtet, ist die richtige Wahl für Sonnenanbeter. Hier hat man spätestens ab der Mittagszeit die Sonne auf der Terrasse und da bleibt sie auch bis zum Abend.

1. Unsere Terrasse ist nach Osten ausgerichtet.

2. Durch die zurückgesetzte zweite Terrasse können wir der Mittagssonne entgehen.

Frühstücken in der Sonne ist auf der Ost-Terrasse möglich. Am Nachmittag hingegen liegt die Terrasse im Schatten, was im Sommer sehr angenehm sein kann.
Ist die Terrasse Richtung Westen ausgerichtet, kann man ab dem späten Nachmittag bis zum Abend hin mit Sonne rechnen. Hier lassen sich die Sommerabende besonders schön ausklingen. Wer keine Sonne auf der Terrasse möchte, der richtet seine Terrasse Richtung Norden aus (Was Pflanzen brauchen, siehe Seite 20).

BESONDERE STANDORTE CLEVER NUTZEN

Was kann man aber tun, wenn die Terrassenseite des Hauses in eine Himmelsrichtung neigt, die einem entweder zu sonnig oder zu schattig ist? Ganz einfach: plant die Terrasse über die Ecke. So hat man immer zwei Ausrichtungen und im besten Fall immer irgendwo ein schattiges und ein sonniges Fleckchen. Ein Beispiel hierfür findet ihr auf Seite 14/15 in den Beispielzeichnungen für Terrassenformen.
Es gibt auch die Möglichkeit, eine Haupt- und eine Nebenterrasse zu planen. Man kann zum Beispiel eine kleine Frühstücksterrasse Richtung Osten planen, um an freien Tagen die Morgensonne zu genießen. Wer lieber abends in der Sonne sitzt, für den bietet sich als Zweitterrasse eher eine Ausrichtung in Richtung Westen an. Diese muss nicht zwingend an die Hauptterrasse am Haus anschließen.

Wie haben wir es in unserem Garten gelöst?

2 x Terrasse

Ich war zuerst etwas missmutig, dass unsere Terrasse nicht „die perfekte" Südausrichtung hat. Heute bin ich froh, diese nicht zu haben. Wir haben in unserem Garten zwei Terrassen geplant.

UNSERE HAUPTTERRASSE ist Richtung Osten ausgerichtet. Dies war durch die Lage des Grundstückes und des Hauses vorgegeben, und ich bin heute sehr glücklich mit diesem Standort. Wir können von morgens bis in den Nachmittag hinein die Sonne auf unserer großen Terrasse genießen. Einen Schattenplatz auf der Hauptterrasse haben wir uns durch unsere Lamellenpergola geschaffen, was insbesondere im Hochsommer sehr angenehm ist. Die Lamellen können geöffnet werden, so hat man zudem die Möglichkeit, die Sonne dennoch durchzulassen. Am Nachmittag können wir auf unserer großen Terrasse entspannt im Schatten sitzen.

UNSERE ZWEITE, KLEINERE TERRASSE haben wir mit nordöstlicher Ausrichtung neben unserem Haus geplant. Diese ist mit einem Weg mit der Hauptterrasse verbunden, so haben wir eine optische Trennung erzielt. Perspektivisch sollen vor die kleinere Terrasse noch zwei Bäume und eine kleine Hecke zur Abgrenzung einziehen. So können wir hier einen Raum kreieren, was das Ganze noch gemütlicher wirken lässt. Auf der kleinen Terrasse befindet sich unsere Outdoor-Küche und eine große Doppelliege. Wenn es uns auf der großen Terrasse zu warm und zu sonnig ist, können wir auf die kleine Terrasse ausweichen und hier im Schatten den Garten und den Ausblick ins Grüne genießen. Morgens haben wir auf der kleinen Terrasse eine gewisse Zeit Sonne. Während unsere Lounge auf der Hauptterrasse zu dieser Zeit noch im Schatten steht, kann ich an den Wochenenden die Morgensonne auf unserem Daybed genießen.

FÜR UNS IST ES DIE PERFEKTE LÖSUNG der Sonne im Frühling und im Herbst hinterherzuziehen, und sie im Sommer zu umgehen. Ein weiterer Vorteil dieser Lösung: Wir können komplett auf Sonnenschirme verzichten und nutzen den natürlichen Schatten. Es findet sich so immer ein gemütliches Plätzchen auf einer der beiden Terrassen – egal, ob im Schatten oder in der Sonne.

Was brauchen Pflanzen auf der Terrasse?

Für eine gemütliche Atmosphäre auf der Terrasse darf eines nicht fehlen – die Begrünung dieser durch Pflanzen. In einer grünen Umgebung steigt das Wohlbefinden und die Terrasse wirkt mit Pflanzen um so vieles wohnlicher.

1

Für mich gehören Pflanzen für eine gelungene Gestaltung einfach auf und um die Terrasse. Durch den Einsatz von Pflanzen wird die Terrasse nicht nur in die Gartengestaltung mit eingebunden. Pflanzen steigern auch das Wohlbefinden und lassen aus der kargen Terrasse eine grüne Oase werden. Zudem können Pflanzen auf und um die Terrasse zur Temperaturregulierung beitragen. Durch die Transpiration (Verdunsten des Wassers über die Blätter) kann die Umgebungsluft abgekühlt werden, was insbesondere an heißen Tagen ein Vorteil sein kann. Durch die richtige Bepflanzung können auch stechende Insekten, wie beispielsweise Mücken, ferngehalten werden. Hier kann man auf Lavendel, Rosmarin, Minze oder Zitronenmelisse setzen.
Und wie bindet man die Pflanzen am besten an der Terrasse ein?

Variante 1: Eine tolle Möglichkeit sind Beete, die direkt an die Terrasse angrenzen. Die Beete rahmen die Terrasse optisch ein und lassen so ein Raumgefühl entstehen. Durch solche gezielten Gestaltungselemente schafft man eine einladende und wohnliche Atmosphäre. Um das Raumgefühl noch etwas zu verstärken, können die Beete auch als Hochbeete angelegt werden (wahlweise aus Holz oder gemauert und verputzt, siehe Seite 91). Verschiedene Höhen in der Gartengestaltung sorgen für Spannung und erwecken Neugier.
Variante 2: Wer vor der Terrasse keinen Platz für ein Beet hat oder zusätzlich die Terrasse begrünen möchte, der kann auf Pflanzkübel zurückgreifen. Mit Pflanzkübeln ist man in der Platzierung sehr flexibel. Zudem kann man sie ideal zur Zonierung der Terrasse nutzen, um die einzelnen Bereiche voneinander zu trennen.

1. Pflanzkübel bringen das Grün auf die Terrasse.

2. Angrenzende Beete an der Terrasse binden diese optimal in den Garten ein.

2

WICHTIG, WENN MAN PFLANZEN AUF DER TERRASSE MÖCHTE

Pflanzen brauchen Licht zum Wachsen. Demnach sollte ein Platz für die Pflanzkübel gewählt werden, an den ausreichend Tageslicht hingelangt. Ein schattiges Plätzchen, aufgrund der Ausrichtung der Terrasse, ist hierbei für bestimmte Pflanzenarten kein Problem. Eine Platzierung, beispielsweise unter einem Vordach, könnte für viele Pflanzen problematisch werden. Es ist wichtig, Pflanzen passend zum Standort auszuwählen (sonnig, halbsonnig, schattig) und eine ausreichende Bewässerung sowie Nährstoffversorgung sicherzustellen.

GEMÜTLICH

Möbel & Sitzecken

Wie kreiert man jetzt aus dieser nackten Terrasse ein zweites Wohnzimmer unter freiem Himmel? Dafür braucht man nicht zwingend ein Händchen für Gestaltung, denn wenn man sich an ein paar Tipps hält, kann sich jeder eine gemütliche Wohlfühloase erschaffen.

Während der Planungsphase der Terrasse hat man im besten Fall schon eine grobe Vorstellung davon, was später einmal auf seiner Terrasse Platz finden soll. Möchte man zum Beispiel einen Whirlpool auf die Terrasse stellen, muss sichergestellt werden, dass der Untergrund auch tragfähig genug ist. Sonst kann die Stelle der Terrasse im schlimmsten Fall absacken. Aber auch zum Thema Möbel sollte man sich vor dem Bau der Terrasse ausreichend Gedanken machen, um diese ausreichend groß zu bemessen.

MATERIAL & STIL

Was für Möbel bieten sich nun für eine Terrasse an? Klar, ein Esstisch mit Stühlen in ausreichender Anzahl liegt auf der Hand. Aber wie viele Stühle sind ausreichend? Reicht es aus, so viele Stühle am Tisch einzuplanen, wie Personen im Haushalt leben? Oder plane ich direkt ein paar Sitzmöglichkeiten für Gäste am Gartentisch mit ein? Das bleibt, wie so vieles, natürlich jedem selbst überlassen. Ich persönlich finde einen ausladenden Gartentisch auf der Terrasse sehr ansprechend und komfortabel. Neben einem Tisch bietet sich in jedem Fall eine gemütliche Sitzecke an, zum Beispiel mit einer Lounge, Sesseln oder einem Daybed. Durch solche Elemente ist es möglich, den Wohnraum nach draußen optisch zu erweitern und eine behagliche Atmosphäre zu erschaffen. Zudem wirkt eine Sitzecke auf der Terrasse unglaublich einladend und gesellig, egal, ob abends zu zweit auf der Terrasse oder in entspannter Runde mit Freunden und Familie.

1

1. Holzmöbel sorgen für eine natürliche Verbindung zwischen Garten und Terrasse.

2

3

Bei der Wahl der Möbel sollte man versuchen, den Stil von innen nach außen zu übertragen. Das bedeutet, den Stil der Inneneinrichtung auch auf der Terrasse fortzusetzen. So bekommt man einen harmonischen Übergang zwischen Indoor und Outdoor. Zudem sollte man darauf achten, dass die Sitzgruppe optisch zum Essbereich passt, im besten Fall wiederholen sich Materialien und Formen in den einzelnen Möbeln. So können zum Beispiel Elemente aus Holz oder Metall das bindende Glied zwischen den einzelnen Bereichen der Terrasse sein.

2. Verschiedene Oberflächen und Strukturen verbreiten Gemütlichkeit auf der Terrasse.

3. Ein getrennter Ess- und Loungebereich lassen ein Raumgefühl entstehen.

TEXTILIEN & DEKORATION

Auf der Terrasse gilt das gleiche Prinzip wie im Wohnzimmer. Ein Sofa und ein Tisch allein schaffen noch kein wohnliches Raumgefühl. Erst durch den Einsatz von Dekoration und Wohntextilien entsteht langsam ein Gefühl von Gemütlichkeit. Wenn wir das im Hinterkopf behalten, können wir mit einfachen Mitteln eine kleine Oase auf der Terrasse entstehen lassen.
Am Beispiel unserer Outdoor-Lounge kann man die Macht von Dekoration sehr gut erkennen.
Die Lounge füllt die Terrasse optisch gut aus, die Gemütlichkeit und das Feeling eines Outdoor-Wohnzimmers fehlt hier aber noch komplett. Die Lounge wirkt etwas verloren auf der Terrasse. Im Vergleich dazu sieht derselbe Bereich durch den dezenten Einsatz von Outdoor-Textilien und Dekoration viel gemütlicher aus. Wir benötigen also gar nicht viel, um aus einer kahlen Umgebung ein gemütliches Ambiente zu schaffen.

Pflanzen & Pflanzkübel

Mit Pflanzkübeln und der entsprechenden Bepflanzung kann man auf der Terrasse ein Raumgefühl entstehen lassen und die einzelnen Bereiche optisch voneinander abgrenzen. Bepflanzungsbeispiele für die Pflanzkübel folgen in Kapitel 3.

Dekoration ist auch auf der Terrasse ein wichtiges Element.

1

2

1. Textilien sorgen für Wohlbefinden auf der Terrasse.

2. Kissen, Decken, Teppiche und Dekoration bringen das Wohnzimmer-Feeling nach draußen.

Outdoor-Teppiche & -Kissen

Vor nahezu jedem Sofa im Wohnzimmer liegt ein Teppich, wieso sollten wir das also nicht outdoor fortsetzen. Es gibt mittlerweile spezielle Outdoor-Teppiche, die sowohl UV-beständig als auch wasserabweisend sind. Die Teppiche gibt es in verschiedenen Größen, Formen und Farben und können immer passend zum jeweiligen Stil gewählt werden. Mit solch einem Teppich wirkt das Ambiente auf der Terrasse noch gemütlicher. Auf dem Sofa dürfen Kissen nicht fehlen, also lassen wir Kissen auch draußen auf der Lounge einziehen. Hier gibt es ebenfalls spezielle Outdoor-Kissen, zum Beispiel aus Olefin oder Sunbrella. Diese Stoffe sind wasserabweisend, lichtbeständig und perfekt für den Garten geeignet.

WENN ES REGNET

Zurecht wird jetzt die Frage aufkommen, was man mit den Polstern, Teppichen und Kissen macht, sobald es regnet. Die meisten heutigen Outdoor-Möbel werden aus einem wasserabweisenden Stoff produziert. Der Bezug wird bei Regen zwar nass, aber das Polster innen bleibt trocken. So können die Auflagen auf der Lounge bei Wind und Wetter eigentlich den gesamten Sommer auf der Terrasse bleiben. Nach kurzer Zeit sind diese wieder getrocknet und einsatzbereit. Dasselbe Prinzip gilt bei Outdoor-Teppichen und -Kissen. Wem das dennoch zu risikoreich ist, dem bleibt die Möglichkeit, die Auflagen bei Regen einzusammeln und zum Beispiel in einer Kissenbox zu lagern, siehe Seite 30 ff.

Wie haben wir die Terrasse möbliert?

Terrassengestaltung ist ein Prozess

Ja, unsere Terrasse ist groß! Und es hat eine Weile gedauert, bis ich wusste, wie ich sie am besten füllen kann, ohne dass sie überladen wirkt.

ICH HABE DREI SOMMER und einige Anläufe gebraucht, bis ich wusste, wie ich unsere Terrasse einrichten will. Die Gartengestaltung ist ein Prozess und diesem muss man Raum und Zeit geben. Die Platzierung von Lounge und Essbereich habe ich etliche Male getauscht und die Ausrichtung der Möbel immer wieder neu ausgetestet. Die Ideen und Möglichkeiten müssen oft erst erarbeitet werden. Und manchmal muss man auch erst lernen, was man nicht will.
Wir sind mit unseren „alten" Terrassenmöbeln eingezogen, so konnten wir damals schon mal ein grobes Gefühl der Größenverhältnisse bekommen. Wir haben sehr schnell festgestellt, dass auf unserer großen Terrasse (ca. 4 x 10 m) die Möbel ziemlich verloren wirken. Ich habe lange recherchiert, um mir ein Bild von dem im Kopf zurechtzulegen, was ich mir für unsere Terrasse wünsche. Als wir dann unsere Pergola aufgestellt haben, hat sich das Raumgefühl auf der Terrasse noch einmal komplett verändert und wir haben die Aufteilung neu angepasst. Der Esstisch ist unter die Pergola gezogen und ich konnte endlich final abschätzen, wie groß unsere Lounge werden darf.

ICH HABE MIR ZUDEM EIN FARBKONZEPT für die Möbel zurechtgelegt. Ich wollte sehr gerne weg von den dunklen Elementen im Garten und so habe ich mich für helle Möbel mit dezenten, dunklen Akzenten entschieden. Clean, aber dennoch gemütlich und vor allem zeitlos. Ebenso, wie wir unser Haus eingerichtet haben. Unser Einrichtungsstil setzt sich somit auf unserer Terrasse fort und verbindet optimal das Interieur mit dem Exterieur.

DEN ESSBEREICH haben wir klar vom Loungebereich abgeteilt, da sich dieser komplett unter der Pergola befindet. Durch die verwendeten Outdoor-Teppiche habe ich Räume kreiert, die den jeweiligen Bereich auf der Terrasse klar abgrenzen. Ich liebe die Wirkung von Outdoor-Teppichen, denn sie schaffen so viel Gemütlichkeit und Wohlbefinden. Ebenso wie der Einsatz von Kissen und dezenten Dekoartikel, wie zum Beispiel frischen Blumen oder auch Akzentbeleuchtung.

Aufbewahrung von Kissen & Co.

Kissen, Polster, Decken, Kinderspielzeug, Badezubehör: Im Garten und auf der Terrasse werden etliche Dinge benötigt. Und wenn diese auf kurzem Wege am Abend schnell weggeräumt werden können, bleibt es auch auf der Terrasse ordentlich.

Im Wohnzimmer sind Schränke, Kisten und Körbe zur Aufbewahrung Standard, warum dann nicht ebenso auf der Terrasse? Insbesondere mit Kindern fliegen an einem schönen Sommertag viele Utensilien durch den Garten. Um neben der allgemeinen Gartenpflege und der Bewässerung nach solchen Tagen schnell wieder Ordnung auf die Terrasse zu bringen, können Gartenschränke, Boxen und Co. genutzt werden. Vor allem für kleinere Gärten, die keinen Platz für einen großen Schuppen oder Nebengelasse haben, bieten sich verschiedene Aufbewahrungsmöglichkeiten auf der Terrasse an. Denn durch eine gezielte Organisation findet auch auf der Terrasse schnell alles seinen festen Platz und die Ordnung ist am Abend im Nu wiederhergestellt. Zudem dienen solche Gartenschränke, Boxen oder Körbe als Gestaltungselement und lassen die Terrasse wohnlich wirken.

BOXEN ZUM VERSTAUEN

Der Aspekt „Regenschutz“ spielt hier ebenfalls mit rein. Auch wenn bereits viele Materialien wetterfest ausgerüstet sind, gibt es sicher einige Dinge auf der Terrasse, die bei Regen weggeräumt werden müssen, z. B. Kissen, Deko oder Decken. Hierfür gibt es spezielle Aufbewahrungsboxen, in denen man solche Gegenstände während des Regens lagern kann. Auf der folgenden Seite habe ich ein DIY umgesetzt, in dem ich eine unästhetische Kunststoffbox mit einer Verkleidung aufgewertet habe. Ästhetische Aufbewahrungsboxen kosten in der Regel ein kleines Vermögen, welches wir dafür nicht ausgeben wollten. Die Verkleidung ist eine gute Alternative für eine preisgünstige, aber dennoch ästhetische Aufbewahrungsbox für die Terrasse. Wir nutzen diese Box zum Verstauen für die Abdeckung der Lounge. So haben wir sie stets griffbereit und können bei Regen ohne Umwege reagieren.

TIPP

Wer aus Platzgründen keinen Schuppen im Garten hat, kann Gartenutensilien & Co. geschickt in Outdoor-Schränken auf der Terrasse lagern.

Eine Aufbewahrungsbox bietet viel Platz für die alltäglichen Dinge im Garten.

DIY-AUFBEWAHRUNGSBOX

IN 8 SCHRITTEN

1. Materialliste:

- 12 Holzlatten: 250 x 4,8 x 2,4 cm (A)
- 4 Holzlatten: 200 x 3,8 x 2,4 cm (B)
- 7 Glattkantbretter: 200 x 8 x 1,8 cm (C)
- Edelstahlschrauben und -winkel
- Wetterschutzfarbe
- Werkzeug: Akkuschrauber, Kapp- und Gehrungssäge (alternativ Gehrungslade), Schleifmaschine, Winkelspanner, Zollstock, Unterlegscheiben.

→ Die Maße meiner Box:

120 x 52 x 54 cm, daraus ergeben sich die Mengenangaben der Materialien.

2. Zuschnitt:

Die Holzlatten (A) werden mit der Gehrungssäge (alternativ Gehrungslade) auf Gehrung (45°) gesägt. Die Maße ergeben sich aus der Aufbewahrungsbox - hier als Beispiel meine genutzten Maße:

- Holzlatten (A):
  12 Stk. auf 125 cm à beide Seiten auf Gehrung
  22 Stk. auf 54 cm à nur eine Seite auf Gehrung
- Holzlatten (B):
  4 Stk. auf 40 cm
- Glattkantbretter (C):
  7 Stk. auf 125 cm (C1)
  2 Stk. auf 54 cm (C2)
  2 Stk. auf 48 cm (C3)

3. Rahmen:

Die vorbereiteten Holzlatten (A) (je 1 lange und 2 kurze) werden mit Hilfe eines Winkelspanners im rechten Winkel zusammengeschraubt. Vor dem Einspannen in den Winkelspanner wird auf beide Gehrungsschnitte optional Holzleim auftragen, dies sorgt für eine stabilere Verbindung. Die Verschraubung sollte mit Edelstahlschrauben erfolgen, diese sind rostfrei. Insgesamt entstehen so 13 Holzrahmen.

4. Zusammenbau Verkleidung:

Jetzt wird die Verkleidung zusammengesetzt. Dafür werden die eben vorbereiteten Holzrahmen über die Holzlatten (B) gesteckt und mit Edelstahlschrauben fixiert. Je 1 Latte (B) in jede. Der Abstand zwischen den einzelnen Holzrahmen beträgt 1 cm (Tipp: Abstandshalter verwenden, z. B. ein Stück Restholz). Ein Rahmen sollte übrig bleiben, der wird für den Deckel benötigt.

5. Zusammenbau Deckel:

Die Bretter (C1) werden flächig zusammengelegt und mit den Brettern (C2) jeweils links- und rechtsbündig verschraubt. Zur Stabilisierung habe ich die kurzen Bretter (C3) in der Mitte des Deckels ergänzt. Der übrig gebliebene Rahmen aus Schritt 4 wird nun an der Unterseite der Platte bündig verschraubt. Die entstandene Platte dient als Verkleidung des Deckels.

6. Schleifen & Streichen:

Nach der Montage wird alles mit der Schleifmaschine und einem 180er-Schleifpapier geschliffen (optional per Hand). Danach wird der Staub entfernt und eine Holzschutzfarbe aufgetragen (2 Schichten). Die Holzschutzfarbe schützt das Holz bis zu 10 Jahre vor Witterung und macht es resistent gegen Pilz- und Algenwachstum. Das Holz kann auch vor dem Zusammenbau gestrichen werden.

7. Zusammensetzen:

Nachdem die Farbe getrocknet ist, wird die Verkleidung an die Box montiert. Die entstandene Verkleidung aus Schritt 4 wird von vorne an die Verkleidung geschoben und mit Schrauben und Unterlegscheiben von innen fixiert. Der Deckel aus Schritt 5 wird von oben auf den vorhandenen Deckel gesteckt und ebenfalls von innen mittels Schrauben und Unterlegscheiben an der Box fixiert.

8. Fertig!

Beleuchtung

An lauen Sommerabenden entspannt zu zweit draußen auf der Terrasse sitzen, mit Freunden nach dem Grillen den Abend ausklingen lassen oder ein Spieleabend mit der Familie – dafür brauchen wir eine gute Beleuchtung.

1

Wenn es an die Lichtplanung geht, gibt es zwei wesentliche Unterschiede in der Beleuchtungsweise, die man kennen sollte – beleuchten und ausleuchten.

GRUNDBELEUCHTUNG

Möchte ich eine Fläche ausleuchten, dann spricht man von der sogenannten Grundbeleuchtung. Diese stellt sicher, dass alle Bereiche der Terrasse ausreichend erhellt werden. Diese Beleuchtung benötigt man zum Beispiel während des Essens, zum Lesen oder für einen Spieleabend. Für die Grundbeleuchtung eignen sich beispielsweise Wandleuchten, die die Fläche von oben herab erhellen.
Bei einer Terrassenüberdachung können auch LED-Stripes oder Hängeleuchten zum Einsatz kommen.

Akzentbeleuchtung

Hier werden Gegenstände beleuchtet oder Lichtakzente gesetzt. Man spricht hier auch von indirekter Beleuchtung. Dieses Licht dient vor allem einer gemütlichen Atmosphäre und hat weniger den Zweck, die Terrasse zu erhellen. Eine schöne Art und Weise, die Terrasse indirekt zu beleuchten, sind Bodenspots, die einfach in den Terrassenbelag mit eingesetzt werden. Aber auch solarbetriebene Leuchten und Lichterketten bieten sich an.

TECHNIK

Während der Planung einer Terrasse ist es also ratsam, Stromkabel an die vorgesehenen Stellen zu verlegen oder zumindest Leerrohre einzuplanen. So kann später nachträglich

TIPP

Für ein optimales Beleuchtungskonzept vereint man direktes und indirektes Licht und hat so für jede Gelegenheit die richtige Beleuchtung.

mühelos ein Stromkabel gezogen werden. Denn insbesondere für die Grundbeleuchtung bieten sich Leuchten mit einem Stromanschluss an. Hat man dies verpasst, kann man auf Leuchten zurückgreifen, die über einen Stecker mit Strom versorgt werden.
Für die Akzentbeleuchtung sind solarbetriebene oder aufladbare Leuchten optimal. Diese können flexibel platziert und somit immer wieder umgestellt werden. Es gibt diese Leuchten in allen Varianten, z. B. als Stehlampe, Hängelampe oder Tischlampe. Es gibt auch die Möglichkeit, Leuchten einzusetzen, die über eine Dimmfunktion verfügen. So ist man flexibel und kann zwischen Grund- und Akzentbeleuchtung problemlos hin- und herwechseln.

2

1. Beleuchtung in den Beeten bringt die Pflanzen auch am Abend groß raus.

2. Die Tischbeleuchtung wurde am Terrassendach montiert.

LICHTFARBE

Bei der Beleuchtung von Outdoorflächen sollte man zudem stehts auf die richtige Lichtfarbe achten. Es wird hier zwischen Kaltweiß, Neutralweiß und Warmweiß unterschieden. Diese Lichtfarben werden in Kelvin angegeben. Je höher der Wert, desto mehr Blauanteile sind im Licht enthalten und desto kühler wirkt es.

Insekten schützen

Aus Rücksicht auf die Insektenwelt empfiehlt es sich, auf Lichtquellen mit Blauanteilen zu verzichten und eine Farbtemperatur unter 3000 K zu wählen. Insekten orientieren sich an natürlichen Lichtquellen, in der Nacht sind diese auf die Sterne und den Mond reduziert. Fügt man nun eine künstliche Lichtquelle hinzu, verwirrt man die Insekten. Da Nachtfalter & Co. besonders auf Lichtquellen mit einem (hohen) Blauanteil reagieren, wird empfohlen, auf diese zu verzichten und auf Leuchten mit einem hohen Rotanteil zu setzen. Ein positiver Nebeneffekt, wenn man eben diese Lichtfarbe nutzt: Es werden deutlich weniger Insekten angezogen und der Abend auf der Terrasse kann entspannt ohne Mücken verbracht werden.

TIPP

Um die Insekten nicht zu sehr zu verwirren, empfiehlt es sich, bodennahes und vor allem warmweißes Licht einzusetzen.

Solarleuchten in den Beeten wirken sowohl am Tag als auch in der Nacht dekorativ.

Warmweißes Licht wirkt nicht nur gemütlich, es ist auch insektenfreundlicher.

LEUCHTDAUER

Ebenso wichtig wie die Lichtfarbe, ist die Leuchtdauer der eingesetzten Lampen. Ziel sollte es sein, die Lichtverschmutzung so gering wie möglich zu halten. Unter Lichtverschmutzung versteht man nicht die Verunreinigung des Lichtes, sondern die unnatürliche Aufhellung der Nacht. Demnach sollten Garten und Terrasse nur beleuchtet werden, wenn man diese auch nutzt. Bei Solarleuchten ist dies leider schwierig zu steuern, diese haben aber wiederum den Vorteil, dass sie energieeffizient sind und somit den CO_2-Fußabdruck reduzieren.

Wie haben wir die Beleuchtung gelöst?

Gemütlich & insektenfreundlich

Für mich spielt das Thema Beleuchtung am Abend sowohl Indoor als auch Outdoor eine wesentliche Rolle. Insbesondere die indirekte Beleuchtung ist für einen gemütlichen Abend essenziell.

BEI UNS GIBT ES EINE UNGESCHRIEBENE REGEL: „Mache nie das große Licht an." Ich empfinde das Deckenlicht als einzig genutzte Lichtquelle sehr ungemütlich. Zum Essen oder für einen Spieleabend wird natürlich auch einmal die Deckenlampe genutzt, aber immer unterstützend mit dem Ambientelicht in Form von indirekter Beleuchtung. Und diese Sichtweise haben wir auch nach draußen übertragen.

DIE GRUNDBELEUCHTUNG, also das ausleuchtende Licht, wird äußerst selten genutzt. Im Sommer ist es zum einen lange hell, so dass zum Essen auf eine künstliche Lichtquelle verzichtet werden kann. Zum anderen empfinde ich zu helles Licht auch im Garten als sehr ungemütlich. Wir haben drei Wandleuchten installiert, die das Licht nach oben und unten an der Hauswand auslassen. Zudem ist in unserer Terrassenüberdachung an allen vier innenliegenden Seiten ein LED-Stripe installiert. Dieses Stripe hat den Vorteil, dass es in Lichtfarbe und -intensität stufenlos gesteuert werden kann. Hier kann also optimal die Lichtfarbe auf die persönlichen Bedürfnisse und auch auf die der Insekten eingestellt werden. Wir können diese Stripes somit nicht nur als Grundbeleuchtung, sondern auch als Ambientelicht nutzen. Zudem haben wir an der Terrassenüberdachung zwei Pendelleuchten angebracht. Diese sehen nicht nur am Abend sehr dekorativ aus, sondern dienen am Tag als gestalterisches Element. Ähnlich haben wir es mit der restlichen indirekten Beleuchtung gehalten. Wir nutzen solarbetriebene Stehleuchten für ein „Wohnzimmer-Gefühl". Zudem bin ich ein großer Fan von Leuchtkugeln als dekoratives Element. Im Dunkeln geben diese Kugeln ein sehr schönes, weiches und warmes Licht ab. Wir können die Leuchtkugeln und Hängeleuchten mit einer Fernbedienung steuern und somit bestimmen, wann die Lampen an sind. Wir achten stets darauf, dass die Outdoor-Beleuchtung nur dann genutzt wird, wenn wir uns im Garten aufhalten.
Des Weiteren haben wir eine dezente Beleuchtung in den Beeten eingesetzt. Hier haben wir die Beleuchtung ebenfalls komplett auf Solar-Basis gehalten. Wir nutzen Bodenspots, um Bäume und Gräser in Szene zu setzen, und eben die Leuchtkugeln für ein gemütliches und sanftes Licht im Beet.

Schatten & Sonnenschutz

Wer sich im Sommer im Garten aufhält, wird meist auf der Suche nach einem schattigen Plätzchen sein. Es gibt etliche Möglichkeiten, die Terrasse zu beschatten, egal, ob flexibel oder dauerhaft.

1

Wer seine Terrasse beschatten möchte, der sollte zunächst den Sonnenlauf in seinem Garten kennen. Auf Seite 14–17 gibt es bereits Infos von Vor- und Nachteilen der verschiedenen Ausrichtungen der Terrasse. Nun lässt es sich nicht immer frei wählen, wo sich die Terrasse befindet, also muss im Zweifel eine Lösung her, um der Sonne aus dem Weg zu gehen. Es gibt sehr viele verschiedene Möglichkeiten, die Terrasse zu beschatten. Um die richtige Art und Weise für seine eigene Terrasse zu finden, sollte man sich vorher zwei Fragen stellen:

1. Welche Fläche möchte ich beschatten?

2. Muss diese Fläche ganztägig beschattet werden oder möchte ich flexibel sein?

MOBIL – MIT SONNENSCHIRMEN

Wenn die zu beschattende Fläche im Verhältnis zur Terrasse gering ist bzw. sich diese Fläche aufgrund des Sonnenverlaufs stetig ändert, bietet sich eine flexible Beschattung an. Ein großer Sonnenschirm bringt die gewünschte Flexibilität mit sich. Wandert die Sonne, dann kann der Sonnenschirm mitwandern. Zudem ist ein Sonnenschirm schnell aufgestellt und, im Vergleich, eine der kostengünstigsten Varianten der Beschattung. Hier hat man die Wahl zwischen einem klassischen Mittelmastschirm und einem Ampelschirm. Der Ampelschirm bietet den Vorteil, dass der geworfene Schatten optimaler genutzt werden kann, weil der Mast nicht innerhalb dieser Fläche liegt. Um den Sonnenschirm leicht von A nach B zu bewegen, gibt es Sonnenschirmständer mit integrierten Rollen. Diese sind aber teilweise sehr preisintensiv. Solch einen fahrbaren Schirmständer kann man sich aber mit leichten Mitteln auch sehr gut zu Hause selbst bauen. Hierzu den Schirmständer auf

1. Sonnenschirme bieten eine große Schattenfläche und sind flexibel zu positionieren.

2. Sonnensegel haben eine große gestalterische Wirkung auf der Terrasse.

einer stabilen Platte befestigen und an der Unterseite Schwerlastrollen montieren. In dem Vorteil der Flexibilität eines Sonnenschirms, liegt aber gleichzeitig auch ein Nachteil. Denn das ständige Hin- und Herrücken des Schirms kann auf Dauer anstrengend sein. Zudem sind Sonnenschirme bei stärkerem Wind sehr anfällig, sie drohen zu kippen, und insbesondere bei Ampelschirmen kann der Wind die Ausrichtung des Schirms verändern und man sitzt wieder in der Sonne.

2

Eine Markise muss nicht altbacken wirken.

DAUERHAFT – MIT MARKISE, PFLANZEN & CO.

Wer lieber auf eine dauerhafte Schattenlösung setzen möchte, hat die Qual der Wahl. Die Auswahl einer solchen Beschattung ist riesig, aber auch den Preisen sind gefühlt keine Grenzen gesetzt.
Eine dauerhafte Beschattung bietet, in meinen Augen, einen großen Mehrwert für eine Terrasse. Denn hier wird das Raumgefühl der Terrasse verändert bzw. neu definiert. Es gibt folgende Möglichkeiten, die Terrasse mit einer dauerhaften Beschattung auszustatten:

1. Markise
2. Sonnensegel
3. Terrassenüberdachung, z. B. Pergola
4. Pflanzen, z. B. Spalierbäume, Dachbäume, Kletterpflanzen

Diese Optionen bringen eine großartige optische Veränderung der Terrasse mit sich und sind nicht nur Schattenspender, sondern vielmehr auch ein wichtiges gestalterisches Element. Durch die Gestaltung in die Höhe kann man aus der Terrasse schnell einen Raum erschaffen oder Bereiche optisch abgrenzen.

Markise

Sie hat bei vielen einen eingestaubten, veralteten Ruf. Aber es gibt mittlerweile moderne und minimalistische Markisen in allen erdenklichen Farben, die sich wunderbar in die Garten- und Terrassengestaltung integrieren lassen. Mit einer Markise ist man, trotz der festen Verbauung an der Terrasse, sehr flexibel. Man kann individuell entscheiden, ob die Markise ausgezogen sein soll und vor Sonne schützt, oder ob man lieber in der Sonne sitzen will. Sie bietet zudem noch weitere Vorteile: Sie ist (in der Regel) preiswerter als ein Terrassendach und lässt sich schneller montieren, außerdem ist sie genehmigungsfrei und kann bei Bedarf schneller ausgetauscht werden. Allerdings bietet eine Markise bei Regen nur bedingt Schutz. Bei starkem Regen sollte eine Markise eingefahren sein, weil das Wasser nicht schnell genug abfließen kann. Somit sind die unterstehenden Möbel bei Regen nicht geschützt.

Sonnensegel

Es bringt eine unwahrscheinliche Gemütlichkeit auf die Terrasse. Auch hier ist die Farbauswahl unendlich groß und kann perfekt auf das eigene Terrassenkonzept abgestimmt werden. Ein Son-

Dachförmige Bäume sind der ideale Schattenspender.

nensegel benötigt mindestens drei Punkte, an denen es befestigt werden kann, um es optimal aufzuspannen. Das kann zum Beispiel die Hauswand sein, aber auch Bäume oder spezielle Pfeiler. Es sollte ebenso auf den richtigen Winkel geachtet werden, so dass das Segel über einen möglichsten langen Zeitraum viel Schatten spenden und das Regenwasser optimal abfließen kann, ohne dass das Segel durchhängt. Bei Regen kann das Sonnensegel übrigens hängen bleiben, so kann man auch an warmen Sommertagen bei Regen auf der Terrasse sitzen. Ein weiterer großer Vorteil: Man kann das Sonnensegel individuell an den Sonnenlauf anpassen und so zusätzlich vor seitlicher Sonneneinstrahlung schützen. Allerdings sollte man das Sonnensegel im Winter abnehmen, da eine Schneelast nicht gegeben ist. Hiermit hat man also zweimal im Jahr den Aufwand, das Segel an- und abzubauen.

Pflanzen

Auch den natürlichen Schatten, in Form von Bäumen und hohen Pflanzen, sollte man nicht unterschätzen. Bäume an der Terrasse zu pflanzen, erscheint auf den ersten Blick erst einmal seltsam, aber wie gemütlich ist es, im Schatten eines Baumes zu sitzen? Sogenannte Dachbäume sind eine besonders elegante Möglichkeit, lasse dich am besten von Fachleuten beim Anlegen beraten, denn insbesondere die Wurzelbildung unter dem Bodenbelag muss berücksichtigt werden.

Und wie bekommen wir Schatten?

Unser Terrassendach

Die aufwändigste, aber gleichzeitig auch wirkungsvollste Art und Weise der Terrassenbeschattung ist das Terrassendach – sowohl optisch als auch praktisch gesehen.

TERRASSENDACH IST NICHT GLEICH TERRASSENDACH. Auch hier gibt es wieder einige Unterschiede und Möglichkeiten in der Art des Daches. Die wohl bekannteste Art, die Terrasse zu überdachen, ist mit einem Glasdach. Um den gewünschten Sonnenschutz zu erzielen, kann hier unter dem Dach mit Stoffbahnen gearbeitet werden, die die Sonne abhalten. Das Glasdach hat den Vorteil, dass im Wohnraum kein Licht verloren geht, wenn die Stoffbahnen aufgeschoben sind. Wiederum sind die Glasscheiben sehr dreckanfällig und wollen regelmäßig gereinigt werden.
Immer beliebter wird derzeit die Lamellen-Pergola. Die Optik ist der des Terrassendaches mit Glasdach ähnlich, jedoch haben die Pergolen kein angeschrägtes Dach. Dadurch wirkt die Pergola modern und clean. Die Lamellen schließen 100 % sonnen- und regendicht und lassen sich bei Bedarf öffnen, so dass man trotz Dach die Sonne genießen kann.
Wir haben uns für solch eine Lamellen-Pergola auf der Terrasse entschieden und bereuen es keinen Tag. Die Pergola hat einen immensen optischen Mehrwert auf unsere Terrasse gebracht. Die recht einfache und lange Form unserer Terrasse konnten wir mit Hilfe der Pergola aufbrechen und haben so zwei Bereiche geschaffen: den Essbereich unter der Pergola und den Loungebereich daneben. Diese beiden Zonen sind so optisch perfekt voneinander getrennt, ohne dass es eingeengt wirkt.

Für zusätzlichen Sonnenschutz haben wir an zwei Seiten der Pergola Sonnenschutz-Screens angebracht. So können wir auch bei tiefstehender Sonne im vollen Schatten unter der Pergola sitzen. Diese Screens sind luftdurchlässig und transparent, man fühlt sich also nicht eingeengt.
Der große Vorteil von einem Terrassendach, egal, ob Pergola oder Glasdach, liegt im 100%-igen Regenschutz. Für mich persönlich ist das eine unheimliche Erleichterung, denn ich muss mich bei Regen nicht um die Möbel, Deko und Kissen kümmern, die darunterliegen. Die Möbel sind zudem vor UV-Strahlung und Dreck geschützt.

Durch Seitenrollos spendet die Pergola auch bei tiefstehender Sonne ausreichend Schatten.

TERRASSENDACH-MONTAGE

Die Montage eines Terrassendachs ist jedoch sehr aufwändig. Es wird zwingend ein Fundament für die Pfosten benötigt. Wenn einem vor Beginn der Terrassenarbeiten bewusst ist, dass ein Dach errichtet werden soll (und in welcher Größe), kann man direkt beim Bau der Terrasse die Fundamente erstellen. Somit spart man sich im Nachgang die bestehende Terrasse wieder aufzureißen. Zudem sollte man sich mit seinem zuständigen Bauamt in Verbindung setzen, denn ein Terrassendach bedarf nicht selten einer Baugenehmigung. Hier verhält es sich ähnlich wie mit der Genehmigung der Terrasse als solches. Auch das ist wieder individuell zu betrachten und wird von den Gemeinden festgesetzt. Den Aufbau eines Terrassendaches bekommt man mit etwas handwerklichem Geschick sehr gut selbst hin. Somit spart man sich die Kosten für einen Montageservice. Die meisten Anbieter von Terrassendächern und Pergolen stellen sehr gute Montageanleitungen zur Verfügung.

Die Wahl des richtigen Beschattungskonzeptes ist also, wie immer, individuell auf eure Bedürfnisse und die finanziellen Möglichkeiten abzustimmen. Eine Terrasse darf, wie auch der Garten, im Laufe der Jahre wachsen. Wir haben erst drei Jahre nachdem unsere Terrasse angelegt wurde, das Dach errichtet.

ÜBERSICHT BESCHATTUNG

MARKISE: WIEDER MODERN & FLEXIBEL

Es gibt mittlerweile sehr moderne Varianten von der Markise. Man kann die Markise flexibel ausfahren, wenn man Schatten benötigt, sie lässt aber auch Sonne zu. Nachteil: Bei starkem Regen muss sie eingefahren werden und man ist nicht vor seitlicher Sonneneinstrahlung geschützt.

PFLANZEN: NATÜRLICH & KÜHL

Schattenspendende Pflanzen können gut in die Terrassengestaltung integriert werden. Von Anfang an durch Bäume oder später durch mobile Hecken im Kübel – ob ganzjährig immergrün (z. B. Bambus, Chinaschilf) oder blühend im Sommer (z. B. Blutjohannisbeere).

Für die optimale Beschattung lassen sich mehrere Möglichkeiten miteinander kombinieren.

TERRASSENDACH: SONNEN- & REGENSCHUTZ

Egal, ob Glasdach oder Lamellen-Pergola. Mit so einem fest installierten Dach ist man nicht nur optimal vor der Sonne, sondern auch vor Regen geschützt. Seitliche Screens halten die Strahlen der tiefer stehenden Sonne fern. Nachteil: die Montage ist aufwändig und es wird ggf. eine Baugenehmigung benötigt.

SONNENSEGEL: GEMÜTLICH, AUCH BEI REGEN

Das Sonnensegel strahlt viel Gemütlichkeit aus und kann sowohl vor der Sonne von oben als auch vor seitlicher Sonneneinstrahlung schützen. Nachteil: muss im Winter abgehangen werden und ist nicht 100 % sturmsicher.

SONNENSCHIRM: MOBIL & NIEDRIGER PREIS

Die kostengünstigste und flexibelste Variante der Beschattung. Der Schirm kann individuell dort platziert werden, wo man aktuell den Schatten benötigt. Nachteil: nicht windbeständig, es wird nur ein kleiner Bereich beschattet.

Guter Sichtschutz – mit vielfältigem Material

Neugierige Blicke der Nachbarn – darauf möchte man gerne verzichten. Die Privatsphäre im eigenen Garten ist ein entscheidender Faktor, wie wohl man sich dort fühlt. Egal, wie schön der Garten ist, wenn man nicht ungestört ist, kann das Gefühl von Geborgenheit schwer aufkommen.

1

Die Terrasse ist ein Ort des Zusammenkommens und der Erholung, aber auch ein privater Raum – in dem man, am liebsten, ganz ungestört seine freie Zeit genießen möchte. Daher spielt das Thema „Sichtschutz" für den Wohlfühlfaktor auf der Terrasse eine wichtige Rolle. Für mich persönlich war der Sichtschutz im Garten einer der wichtigsten Faktoren in der Gartenplanung. Wir haben sehr zeitig damit begonnen, unseren Garten blickdicht zu gestalten. Der Garten ist ein Rückzugsort und Raum der Erholung, und diesen Raum möchte ich ohne fremde Blicke nutzen können. Zudem ist es auch mein Ziel, die Umgebungsbebauung der Nachbarn irgendwann optisch nicht mehr wahrzunehmen. Der Blick ins Grüne ist so viel schöner als der Blick auf ein fremdes Haus. Und wie man das erreichen kann? Mit einem gut geplanten Sichtschutz – ganz nach dem Motto „höher, schneller, weiter".

VOR ALLEM STEHT DAS BAURECHT

Leider steht auch bei diesem Punkt zuerst der Gang zum Bauamt an. Denn das Thema „Einfriedung" und „Sichtschutz" sind im Baurecht geregelt. Wie bei allen anderen Themen, greift hier zuerst der Bebauungsplan. Wenn dieser nicht vorliegt, gibt es in jeder Gemeinde Vorgaben, wie hoch ein Zaun sein darf und wie weit Hecken, Sträucher und Bäume von der Grundstücksgrenze entfernt sein müssen. Insbesondere bei grenznahen Bepflanzungen kann man auch mit dem betroffenen Nachbarn Rück-

TIPP

Einen Sichtschutz immer in ausreichender Höhe einplanen, so dass niemand drüberschauen kann.

sprache halten, ob die Bepflanzung in Ordnung geht, denn von dem Sichtschutz profitieren ja beide Seiten.

WELCHE MÖGLICHKEITEN FÜR DEN SICHTSCHUTZ GIBT ES?

Die Möglichkeiten sind auch hier schier unendlich. Sie erstrecken sich von Zäunen, Mauern über Hecken und andere Bepflanzungen. Und hier gilt es nun wieder, die für sich passendste Möglichkeit auszusuchen. In der Regel findet ein Sichtschutz direkt an der Grenze zum Nachbarn seinen Platz, um die Privatsphäre so im kompletten Garten zu genießen. Ist das nicht möglich, kann man diesen ebenso an der Terrasse einplanen. Das kann gestaltungstechnisch ebenfalls sehr spannend wirken.

1. Ein hoher Sichtschutzzaun muss nicht wie eine Mauer wirken.

2. Bäume und hohe Sträucher bieten einen natürlichen Sichtschutz

2

SICHTSCHUTZ IM ÜBERBLICK

ZAUN: SCHNELL & PREISWERT

Ein Zaun schafft einen sofortigen, und je nach Modell, meist einen hundertprozentigen Sichtschutz – vorausgesetzt, er ist hoch genug. Ein Sichtschutzzaun sollte mind. 1,6 m hoch sein, im besten Fall sogar höher. Fertige Sichtschutzelemente sind die schnellste Möglichkeit, nehmen kaum Platz ein und können auch in kleinen Gärten gut verbaut werden. Die Fertigelemente gibt es aus Holz, WPC und Metall. Der Auswahl an Designs sind nahezu keine Grenzen gesetzt, und insbesondere bei Holzzäunen besteht die Möglichkeit, diese mit einer Holzschutzfarbe zu individualisieren und an den Stil des Gartens anzupassen.

Neben den Fertigelementen sieht man auch Doppelstabmattenzäune mit integrierten Sichtschutzstreifen sehr häufig. Optisch ist diese Variante nicht sehr ansprechend, aber oft im Vergleich eine der kostengünstigsten Möglichkeiten. Diese Zäune kann man im Nachgang durch Beete und Kletterpflanzen (z. B. Clematis, Kletterhortensien, Geißblatt) jedoch großartig begrünen und sie zu einem Hingucker machen. Zäune aus WPC und Metall sind, im Vergleich zu Holz, deutlich pflegeleichter, dafür aber auch deutlich teurer.

Ein großer Vorteil von Sichtschutzzäunen liegt in der einfachen Montage, denn diese kann man problemlos selbst übernehmen.

MAUER: EXTREM HALTBAR

Eine hohe und lange Mauer im Garten ist wahrscheinlich nicht die erste Idee für einen Sichtschutz. Mit der richtigen Planung kann eine Mauer aber durchaus Charme besitzen. Wenn man die Mauer stellenweise unterbricht und mit einer hohen Bepflanzung (z. B. Heckenpflanzen) auflockert, entsteht ein Sichtschutz der etwas anderen Art – und dieser ist direkt und vollkommen blickdicht.

Die Mauer kann gemauert oder verputzt werden, oder man stellt eine Gabione auf. Das sind Drahtkörbe, die mit groben Steinen gefüllt werden. Es besteht ebenso die Möglichkeit, eine Mauer und einen Sichtschutzzaun im Wechsel zu planen.

Die Errichtung einer Mauer erfordert handwerkliches Können und ist im Vergleich zu einem Zaun oder einer Bepflanzung deutlich komplizierter. Auch der Kostenfaktor sollte bei solch einem Projekt nicht unterschätzt werden (Materialien, Zeit und mögliche Handwerkerkosten) – dafür sind Mauern und Gabionen extrem lange haltbar.

1

1. Eine Mauer als Sichtschutzelement kann optisch perfekt in die Gartenplanung integriert werden.

2. Ein Doppelstabmattenzaun sorgt für schnellen und vergleichsweise preiswerten Sichtschutz im Garten.

2

SICHTSCHUTZ IM ÜBERBLICK II

HECKE: IMMERGRÜN ODER LAUBABWERFEND

Die Hecke gilt als natürlicher Sichtschutz und bringt eine unglaubliche Behaglichkeit in den Garten. Je nach Größe der Pflanzen braucht man für einen vollständigen Sichtschutz jedoch etwas Geduld, das Warten lohnt sich allemal. Natürlich kann man direkt sehr große Heckenpflanzen kaufen, hier gilt aber: je größer, desto teurer.

Die große Auswahl an Heckenpflanzen kann einen im ersten Moment ziemlich überfordern. Die erste Frage lautet hier: soll die Hecke immergrün oder laubabwerfend sein? Der Vorteil einer immergrünen Hecke besteht im ganzjährigen Sichtschutz. Die immergrünen Heckenarten (z. B. Ilex, Kirschlorbeer, Eibe, Thuja) bringen auch im Winter etwas Grün in den Garten, wenn der Rest noch im Winterschlaf liegt. Die laubabwerfenden Hecken (z. B. Liguster, Hainbuche, Rotbuche) verlieren im Herbst ihre Blätter und faszinieren vorher mit einer beeindruckenden Herbstfärbung.

Zudem sind einige Heckenarten giftig (u. a. Ilex, Kirschlorbeer, Eibe und Buchsbaum), dieses Wissen sollte bei der Wahl der Pflanze berücksichtigt werden. Auch die Wuchsgeschwindigkeit ist nicht ganz unwichtig. Wer nicht öfter als einmal im Jahr zur Heckenschere greifen möchte, wählt lieber eine langsam wachsende Sorte (z. B. Ilex, Eibe).

Eine Hecke nimmt viel Platz in Anspruch, denn sie sollte mit ausreichendem Abstand zur Grenze gepflanzt werden, dass sie von allen Seiten beschnitten werden kann. Zudem gelten auch hier Abstandsgesetze, die eingehalten werden müssen.

ANDERE BEPFLANZUNGEN: SPALIERE UND BÄUME

Neben einer klassischen Hecke gibt es noch viele weitere Möglichkeiten durch Bepflanzung einen Sichtschutz zu erhalten. Eine besonders moderne Art ist die Pflanzung von Spalierbäumen. Diese Bäume haben einen schmalen Stamm und ihre Äste können in die gewünschte Richtung geführt werden. Grundsätzlich kann nahezu jeder Baum so erzogen werden.

Des Weiteren können Bäume viel Privatsphäre in den Garten bringen. Es bietet sich an, Bäume dort zu pflanzen, wo man sonst auf die Nachbarhäuser schaut. Dadurch erzielt mal einen Sichtschutz, der auch in höheren Etagen Privatsphäre bietet.

TIPP

Auch mit Naschobst, wie Himbeeren, kann man einen Sichtschutz gestalten. Die Sorte 'Amber Gold' kann problemlos im Kübel kultiviert werden. Sie ist dornenlos, pflegeleicht, extrem fruchtbar mit großen apricotfarbenen Früchten von August bis September. Außerdem ist sie für Schmetterlinge und Wildbienen nützlich!

1

NATÜRLICH & NÜTZLICH

1. Spalierbäume sorgen für einen außergewöhnlichen Sichtschutz, der von Jahr zu Jahr dichter wird.

2. Immergrüne Hecken, wie hier aus Bambus, bieten einen optimalen Schutz der Privatsphäre und prägen die Gartengestaltung.

2

Und wie haben wir es gelöst?

Mix aus Zaun, Hecke & zusätzlicher Bepflanzung

Wir haben eine Weile gebraucht, das für uns beste Sichtschutz-Konzept auszuwählen. Unsere optischen Ansprüche sollten erfüllt werden, ohne unser Budget zu sprengen.

UNSER GARTEN IST GROSS und an drei Seiten von Nachbarn umgeben. Ein ausreichender Sichtschutz für die nötige Privatsphäre war hier für uns also unabdingbar. Ein großer Garten bringt aber auch viel Grenzfläche mit, die nach einem Sichtschutz verlangt. Wir hatten das Glück, aus dem Altbestand des Grundstücks zwei Gartenhäuser als Grenzbebauung zu übernehmen. Damit wird schon eine lange Strecke vor Einblicken geschützt. Für uns war dennoch schnell klar, dass wir weitere Sichtschutzmaßnahmen ergreifen wollen. Wir haben uns für einen Mix aus Sichtschutzzaun, Hecke und zusätzlicher Bepflanzung entschieden. Durch diese Variabilität der verschiedensten Elemente fühlen wir uns in unserem Garten nicht eingesperrt, sondern haben einen offenen Blick ins Grüne – und sind dennoch vor neugierigen Blicken geschützt.

DEN HOHEN SICHTSCHUTZZAUN haben wir an der Nordseite des Grundstückes montiert, so kann die Sonne ungehemmt auf das davor geplante Beet scheinen. Wir haben uns für einen Fertigzaun aus Lärche entschieden, der mit einem modernen Design aus Rhombusleisten besticht. Um ihn in unser Farbkonzept zu integrieren, habe ich den Zaun mit einer Wetterschutzfarbe gestrichen. Als diese Seite zum Nachbarn geschlossen war, ist aus der unruhigen Ecke ein cleaner Bereich entstanden und das Raumgefühl des Gartens wurde verstärkt.
Für einen Doppelstabmattenzaun mit Sichtschutzstreifen haben wir uns aus Kostengründen an der Südseite entschieden. Optisch nicht sehr ansprechend, aber die schnellste und kostengünstigste Alternative. Im Hinterkopf hatte ich aber bereits ein Konzept, wie wir diesen Zaun begrünen können. Wir haben vor dem Zaun ein schmales Beet angelegt und fünf Amber-Spalierbäume gepflanzt. Dieser Baum wächst in der Stammhöhe nicht mehr, bildet aber in der schmalen, breit gezogenen Krone einen perfekten Sichtschutz oberhalb des Zaunes. Den Doppelstabmattenzaun kaschiere ich durch eine Unterpflanzung der Bäume (siehe Seite 56/57) und mit der Kletterpflanze Clematis, die sich langsam über den gesamten Zaun ausbreiten wird. Neben den Spalierbäumen haben wir Ilex 'Dark Green' als Hecke gepflanzt. Unser Ziel ist ein 2 m hoher Sichtschutz. Ilex ist eine immergrüne Hecke und verdeckt so auch in den Wintermonaten den Zaun.

Das Gerüst der Spalierbäume ist im Frühling deutlich zu erkennen und dient zur Formung der Bäume.

BEPFLANZUNG SPALIERBAUMBEET

Ein Spalierbaum ist ein Baum, dessen Äste mit Hilfe eines Gerüstes in eine bestimmte Form gezogen werden. Diese Form eines Baumes bietet sich ideal als natürlicher Sichtschutz an und kann zum Beispiel die Fläche über niedrigen Zäunen begrünen. Im Handel werden diverse Baumarten wie Amberbaum, Platane, Ahorn oder Immergrüne wie Glanzmispel, Ölweide oder Kirschlorbeer als Spalierbäume angeboten.
Wir haben uns für den sommergrünen Amberbaum entschieden. Der Amberbaum ist ein Klimabaum und kommt sowohl mit starker Hitze als auch starker Kälte, sowie mit Trockenheit aber auch Nässe, sehr gut zurecht. Zudem bezaubert der Amberbaum im Herbst mit einer beeindruckenden Blattfärbung.
Wir haben unterhalb der Amberbäume ein 70 cm schmales Beet abgelegt. Ziel hierbei ist, neben einem optischen Hingucker, den Zaun zu kaschieren. In der hinteren Reihe habe ich mich für das Ziergras Rutenhirse 'Northwind' entschieden. Diese Gräsersorte wächst schmal und aufrecht und kann eine Höhe von bis zu 1,8 m erreichen. Zwischen den Amberbäumen sitzt jeweils eine Zwerg-Rispenhortensie der Sorte 'Skyfall'. Im Vergleich zu anderen Rispenhortensien wird diese Sorte maximal 120 cm hoch und passt so perfekt in das schmale Beet. Gesäumt wird das Beet von einer buschigen Lavendelhecke, die ein wahrer Magnet für Bienen und andere Insekten ist.

TIPP

Schneidet man den Lavendel nach der Blüte zurück, blüht dieser im Spätsommer ein zweites Mal.

AMBERBAUM
als Spalier
mit Stammhöhe
von 1,2 m
RUTENHIRSE
'NORTHWIND'
bis 1,8 m hoch
RISPENHORTENSIE
'SKYFALL',
kleinbleibend,
bis max. 1,2 m Höhe
LAVENDEL

Im August verzaubern die Rispenhortensien den Garten mit ihren weißen Blüten.

PFLANZPLAN HORTENSIENBEET

Ein nackter Sichtschutzzaun kann schnell sehr steril wirken. Daher bietet sich eine abwechslungsreiche Bepflanzung vor einem Zaun an. Durch ein Beet kann man den Zaun optisch ideal in den Garten einbinden.

Beeteinfassung

Deswegen haben wir den Sichtschutzzaun bepflanzt. Hierfür haben wir einen 1 m breiten Pflanzstreifen angelegt. Ähnlich wie bei dem Beet unter den Spalierbäumen, haben wir die Beeteinfassung aus Tiefbordsteinen erstellt und diese einige Zentimeter rausstehen lassen. Nach meinem persönlichen Empfinden wirkt ein Garten interessanter, wenn die Beete nicht ausschließlich auf Höhe des Rasens angelegt werden. Zudem kann so der Rasen nicht in das Beet hineinwachsen. Die Beeteinfassung habe ich mit Fassadenfarbe im selben Farbton gestrichen wie den Zaun. Durch die Wiederholung der Farbe an Zaun und Beeteinfassung fügt sich das Beet optisch ideal in den Garten ein und erzeugt ein ruhiges und stimmiges Gesamtkonzept.

Ganzjähriges Pflanzkonzept

Für die Bepflanzung habe ich auf ein ganzjähriges Konzept gesetzt. Mir war es wichtig, dass, beginnend im Frühling, das Beet stetig blüht und sich mit den Jahreszeiten verändert. Den Start macht im zeitigen Frühjahr eine lila blühende Straße aus Krokussen. Diese habe ich bewusst in der vorderen Reihe des Beetes als Streifen platziert, so werden sie nicht von den bereits wachsenden Tulpen beeinträchtigt. Sind die Krokusse verblüht, treten die unzähligen Tulpen in Aktion und begeistern mit ihren Blüten. Während die Tulpen blühen, werden die „Sommerpflanzen" stetig größer und das Beet

2

1

1. Die Blütenköpfe der Schneeballhortensie 'Annabelle' werden im Durchmesser bis zu 30 cm groß.

2. Die Blüten der Funkien sind wahre Insektenmagnete.

füllt sich langsam von selbst. Nachdem die Tulpen verblüht sind, bezaubert Zierlauch *(Allium)* im Mai mit seinen lila Bommeln. Die Hortensien, Funkien und Gräser sind ordentlich gewachsen und füllen das Beet nun Anfang Juni voll aus. Ende Juni beginnt meine Lieblingszeit, denn die Schneeballhortensien 'Annabelle' und die Rispenhortensien beginnen zu blühen und versetzen das Beet in ein weißes Blütenmeer. Zwischen den Hortensien schlängeln sich die zarten Blüten des Patagonischen Eisenkrauts hindurch und ziehen Bienen und weitere Insekten an. Auch die Blüten der Funkien sind ein wahres Paradies für Insekten und gleichen, mit den Blüten des Eisenkrautes, die ökologisch nicht sehr wertvollen Hortensien aus. In den Blüten der Schneeball- und Rispenhortensie befindet sich kein Nektar, somit sind diese für Insekten nutzlos. Da im Garten in der Regel aber Vielfalt herrscht, kann man die Hortensien bedenkenlos einpflanzen, solange man genug Nahrungsquellen für Insekten bereithält.

SCHNEEBALL-HORTENSIE 'ANNABELLE'
LAMPENPUTZER-GRAS 'HAMELN'

PATAGONISCHES
EISENKRAUT
RISPENHORTENSIE
'LIMELIGHT'
HÄNGENDE
WILDBIRNE
'PENDULA'

Draußen genießen

Unsere Outdoor-Küche

Das Highlight auf unserer Nordterrasse: die Outdoor-Küche! Sie war eigentlich gar nicht geplant, die Idee dazu kam ganz spontan, und wir bereuen diesen Schritt keine Sekunde.

DIE GESTALTUNG UNSERER NORDTERRASSE habe ich nochmal komplett überdacht, nachdem ich unseren Sichtschutzzaun gestrichen hatte. Die schmale Ecke vor dem Zaun und direkt neben dem Beet hat quasi nach der Outdoor-Küche geschrien. Nach einiger Recherche habe ich mich gegen ein DIY-Projekt entschieden, wir haben stattdessen eine fertige Outdoor-Küche bei einem großen Möbelhändler gekauft, die genau zu unseren Ansprüchen gepasst hat.
Warum haben wir uns für eine Outdoor-Küche entschieden? Der offensichtlichste Grund: die Optik. Die ehemals tote Ecke ist nun perfekt genutzt und die Küche fügt sich ideal in das Gesamtbild des Gartens ein. Zudem wird der Wohnraum durch die Outdoor-Küche immer mehr erweitert. Es ist ein zusätzlicher geselliger Ort im Garten, der unendlich viel Mehrwert bietet. Ein großer Vorteil liegt für mich aber auch in der perfekten Integration des Grills. Unseren vorherigen Grill habe ich immer „versteckt", er hat einfach nirgends dazu gepasst. Jetzt bildet die Outdoor-Küche eine Einheit und alles hat seinen festen Platz bekommen. Zudem finde ich das Waschbecken im Garten mehr als praktisch. Zum Abwaschen der eigenen Ernte aus dem Hochbeet, zum schnellen Händewaschen zwischendurch – auch für die Kinder. Die Armatur habe ich mit einem Adapter an den Gartenschlauch angeschlossen, das Abwasser läuft so direkt ins Beet.

In naher Zukunft soll über der Outdoor-Küche noch eine Überdachung entstehen, um diese vor Witterungseinflüssen optimal zu schützen. Aktuell nutzen wir eine Abdeckung zum Schutz vor Regen, was für den Übergang vollkommen ausreichend ist.
Die Entstehung unserer Outdoor-Küche ist ein gutes Beispiel dafür, dass in der Gartenplanung nicht alles auf einmal entstehen muss. Es ist in Ordnung, wenn der Garten und alles rund um die Terrasse Zeit in Anspruch nimmt. Oft brauchen Ideen Zeit zum Reifen und das ist komplett in Ordnung.

PFLANZEN & BEPFLANZUNG

Pflanzen-Shopping

Egal, ob im Fach- oder Supermarkt: Die Qualität muss stimmen – gesunde Blätter und solides Wurzelwerk.

Wie komme ich an meine Pflanzen?

Das Angebot ist groß: Gärtnerei, Gartencenter, Baumarkt, und sogar im Supermarkt kann man mittlerweile Pflanzen kaufen. Ist das jetzt alles gleich gut? Worauf sollte man achten?

Ich persönlich kaufe meine Pflanzen am liebsten in einer Gärtnerei oder einem großen Gartencenter. Ich schätze dort die riesige Auswahl an Pflanzen, die klare Struktur des Ladenaufbaus und die fachliche Beratung vor Ort. Das bedeutet aber nicht, dass Pflanzen aus dem Supermarkt oder Baumarkt nicht gut genug sind. Oft lohnt es sich, die Preise und Qualitäten der Pflanzen zu vergleichen. Vor allem dann, wenn man viele Pflanzen gleichzeitig benötigt. In Bau- und Supermärkten ist die Auswahl meist deutlich geringer, dafür kann man hier oft ein paar „Schnäppchen“ erzielen. Der Preis allein sollte jedoch nicht der ausschlaggebende Faktor sein. Auch die Qualität der Pflanzen spielt eine wichtige Rolle.

WIE ERKENNT MAN BEIM KAUF GUTE QUALITÄT?

1. Gesunde Blätter: Die Blätter sollten eine kräftige und gleichmäßige Farbe aufweisen. Flecken können Anzeichen für Krankheiten oder Nährstoffmangel sein. Die Blätter sollten zudem fest sein, schlaffe Blätter deuten auf Feuchtigkeitsmangel hin.

2. Wurzelgesundheit: Die Pflanze sollte einen gut durchwurzelten Ballen haben, mit ausreichend Feinwurzeln (Bild links). Wenn man die Pflanze etwas aus dem Topf herauszieht, kann man dies leicht überprüfen. Die Wurzeln sollten fest sein, matschige und weiche Wurzeln können auf Wurzelfäule oder Ähnliches hinweisen.

TIPP

Ein Blick in Kleinanzeigen lohnt sich oft. Hier finden sich häufig große Pflanzen zu günstigen Preisen aus privaten Gärten. Die Pflanzen müssen meist selbst ausgegraben werden, dafür kann man hier etwas Geld einsparen.

3. Schädlingsfreiheit: Vor dem Kauf sollte man die Pflanze auf Schädlinge untersuchen. Blattläuse, Spinnmilben oder Weiße Fliegen verstecken sich an der Blattunterseite. Auch Flecken und Blattverfärbungen weisen auf einen Schädlings- oder Pilzbefall hin.

PFLANZEN SELBER MACHEN

Es gibt einige Tipps und Tricks, um beim Erwerb von Pflanzen etwas Geld einzusparen. Pflanzen sind teilweise unglaublich teuer und insbesondere, wenn der Garten komplett bei null beginnt, wird man hier schnell ein kleines Vermögen los.

Tipp 1 – kleine Pflanzen kaufen

Diese sind oft für ein paar Euro zu haben und binnen eines Jahres sind die meisten (insbesondere Stauden) bereits zu großen Pflanzen im Blumenbeet herangewachsen. Zudem fällt es kleineren Pflanzen leichter, sich nach dem Auspflanzen an den neuen Standort zu gewöhnen. Auch wenn die Ungeduld auf einen fertigen und blühenden Garten lockt, ist es doch tatsächlich noch viel schöner, zuzuschauen, wie aus den kleinen Pflänzchen große Prachtexemplare werden. Für die Struktur in den Beeten und Kübeln kann es jedoch teilweise sinnvoll sein, vereinzelt größere Pflanzen zu setzen.

2

1

Tipp 2 – Pflanzen teilen

Bei dieser Methode teilt man eine große Pflanze in mehrere kleine. Dies ist möglich, wenn im Beet bereits eine große Pflanze vorhanden ist oder man eine große Pflanze kauft und diese vor dem Einpflanzen in mehrere kleine teilt. Das Teilen schadet der Pflanze nicht, sondern regt vielmehr zum erneuten Austreiben an und schützt die Pflanzengesundheit. Der beste Zeitpunkt für eine Teilung ist in der Regel im Frühjahr oder Herbst, wenn die Pflanzen nicht in Blüte stehen. Zur Teilung verwendet man einen scharfen Spaten, um die Wurzeln sauber zu trennen. Bei der Teilung braucht keine Angst mitzuschwingen, dass die Pflanze verletzt wird, denn sie ist robuster als man denkt. Nach dem Einpflanzen muss die Pflanze gut angegossen werden und sollte eine Düngung erhalten, so ist sie ideal mit Nährstoffen versorgt und wächst problemlos an. Eine Teilung ist bei allen Gräsern und den meisten Stauden, z. B. Astern, Tagetes, Funkien, Sedum, Taglilien, Phlox, Sonnenhut, Salbei u. v. m., möglich. Frühblüher, die aus Blumenzwiebeln austreiben, beispielsweise Tulpen und Zierlauch (Allium), bilden regelmäßig Nebenzwiebeln an der Hauptzwiebel. Nach der Blüte und Laubwelke kann die Blumenzwiebel ausgegraben und die Nebenzwiebel von der Hauptzwiebel getrennt werden. Durch das Teilen von Pflanzen und das Umsetzen der Nebenzwiebeln kann mit der Zeit einiges an Geld gespart werden und der Garten füllt sich nach und nach mit tollen Pflanzen.

1. Funkien lassen sich problemlos im Frühjahr teilen und dadurch vermehren.

2. Kleine Pflanzen setzen lohnt sich.

Tipp 3 – Stecklinge

Von vielen bestehenden Pflanzen kann man ganz einfach Stecklinge ziehen. Ein Steckling ist ein abgeschnittener Trieb der „Mutterpflanze". Dieser bildet unter den richtigen Bedingungen Wurzeln und wird zu einer neuen Pflanze. Die „Mutterpflanze" sollte gesund und kräftig sein, frei von Krankheiten und Schädlingen. Von dieser Pflanze schneidet man einen ca. 15 cm langen Trieb ab, am besten direkt unter einem Blattpaar. Die unteren Blätter des Triebes sollten komplett entfernt werden, so dass nur ein bis zwei Blattpaare stehen bleiben. Um die Wurzelbildung an dem Steckling zu erleichtern, kann man das Ende des Triebes mit einem scharfen Messer leicht „anspritzen". Nun ist der Steckling bereit, in einen Pflanztopf gepflanzt zu werden. Eine nährstoffreiche Pflanzerde ist von Vorteil, und bei Bedarf kann man mit Hornspänen oder ähnlichen Düngemitteln ergänzend düngen.

Nach der Pflanzung sollte der Steckling an einem hellen und warmen Ort platziert und stets feucht gehalten werden. Nach einigen Wochen bildet der Steckling neue Wurzeln und ist bereit, ausgepflanzt zu werden. Folgende Pflanzen lassen sich beispielsweise über Stecklinge vermehren: diverse Kräuter, Lavendel, Hortensien.

Tipp 4 – Ableger/Ausläufer

Oft bilden Pflanzen unweit der Hauptpflanze sogenannte „Ableger" oder unterirdisch „Ausläufer" – es handelt sich hierbei um neue, eigenständige Pflanzen, die identisch mit der Hauptpflanze sind. Die Pflanze vermehrt sich quasi von selbst. Erkennt man solch eine Tochterpflanze, kann man sie ohne großen Aufwand mit einer scharfen Schere von der „Mutterpflanze" trennen und an einem neuen Platz einpflanzen. Beispiele sind: Erdbeeren, Himbeeren, Minze, Phlox, Astilbe.

Tipp 5 – Aussaat

Die Aussaat von Blumen hat viele Vorteile. Die Auswahl an verschiedensten Sorten ist riesig, oft erhält man Samen von speziellen Blumen, die man als fertige Pflanze so nicht zu kaufen bekommt. Zudem ist die Aussaat von Blumen sehr preisgünstig und man kann aus einer Packung Samen viele Blumen ziehen. Blumensamen kann man im Fachmarkt, aber auch im Bau- und Supermarkt, sowie online kaufen. Meist handelt es sich um einjährige Sommerblüher, also Blumen, die im Sommer blühen und im nächsten Jahr nicht wiederkom-

Erdbeerpflanzen bilden oberirdische Ausläufer, sogenannte Kindel.

1

2

men. Der richtige Zeitpunkt der Aussaat ist wichtig, dass die Blume genügend Zeit hat, zu wachsen und zu blühen. Den Zeitpunkt der Aussaat kann man der Rückseite der Samenpackung entnehmen, hier ist in der Regel eine Anleitung enthalten. Viele Blumen kann man im Topf vorziehen, das hat den Vorteil, dass man direkt zur Vegetationsperiode mit der Aussaat beginnen kann. Die Samen werden gleichmäßig auf die Aussaaterde (wichtig, weil nährstoffarm!) gestreut, leicht mit Erde bedeckt und vorsichtig angegossen. Die Keimung erfolgt bei guten Lichtverhältnissen, hoher Luftfeuchtigkeit mittels Abdeckung (Minigewächshaus empfehlenswert) und regelmäßigem Gießen. Nach einigen Wochen werden die Jungpflanzen aus der Aussaatkiste genommen und in eigene Töpfchen umgepflanzt. Wenn die Temperaturen stabil sind, können die vorgezogenen Sommerblüher in die Beete ziehen und dort weiterwachsen. Diese Variante erfordert etwas mehr Geduld, dafür wird man aber mit den schönsten Blüten belohnt. Beispiele für Sommerblüher für die Voranzucht im Haus sind: Kosmee, Zinnie, Sonnenblume, Mohn, Kornblume u. v. m. Sie können aber auch ab Mitte Mai direkt ins Beet gesät werden. Mit diesen Tricks ist es möglich, die Beete und Pflanzkübel auch mit geringem Budget zu füllen. Einige Varianten erfordern etwas Zeit und Geduld – aber das macht das Gärtnern doch aus. Ein Garten entsteht nicht sofort, er muss wachsen, sich entwickeln und braucht seine Zeit.

1. Rosmarin kann man durch Stecklinge vermehren: einfach Zweige abschneiden und die unteren Blätter entfernen.

2. Die Stecklinge werden nun in einen Topf mit Erde gesteckt und regelmäßig bewässert. Nach wenigen Wochen können sie ausgepflanzt werden.

Töpfe & Kübel – gut zu wissen

Es gibt sie in den verschiedensten Farben, Formen und Materialien. Der Stil des Gartens und der persönliche Geschmack spielen bei der Entscheidungsfindung eine große Rolle. Die Vor- und Nachteile der verschiedenen Materialien sollten aber auch berücksichtigt werden.

Pflanzkübel sind eine beliebte Möglichkeit, die Terrasse in eine grüne und blühende Oase zu verwandeln. Zudem stellen Pflanzkübel ein wichtiges Gestaltungselement dar. Die Terrasse lässt sich durch den richtigen Einsatz der Kübel strukturieren und zonieren. So können die verschiedenen Bereiche auf der Terrasse optisch voneinander getrennt werden.

VORTEILE VON PFLANZKÜBELN

Flexibilität: Pflanzkübel lassen sich leicht umstellen, so dass der Standort an Veränderungen auf der Terrasse angepasst werden kann. Es gibt Pflanzkübel mit Rollen, diese lassen sich noch leichter verschieben. Zudem kann mit einer neuen Bepflanzung der Look schnell verändert werden.

Gestaltungselement: Die Gestaltung des Gartens und der Terrasse wirkt interessanter, wenn man mit verschiedenen Ebenen arbeitet. Die unterschiedlichen Höhen schaffen visuelle Ebenen und verleihen der Terrasse mehr Tiefe. Zudem dienen große Pflanzkübel mit einer attraktiven Bepflanzung als Blickfang.

Saisonale Bepflanzung: Pflanzkübel sind ideal für eine saisonale Bepflanzung. Je nach Jahreszeit können die Pflanzen ausgetauscht werden. Die Kübel können aber auch mit winterharten und mehrjährigen Pflanzen bestückt werden, die durch saisonale Vertreter ergänzt werden.

BEFÜLLUNG DER PFLANZKÜBEL

Für eine gesunde Entwicklung der Pflanzen ist die richtige Befüllung der Pflanzkübel ausschlaggebend.

TIPP

Pflanzen im Kübel benötigen eine regelmäßige Nährstoffzufuhr in Form von Dünger (siehe Seite 111), da die Nährstoffe in dem begrenzten Raum schneller aufgebraucht sind als im Freiland. Zudem ist eine ausreichende Bewässerung wichtig für ein gesundes Pflanzenwachstum.

1

2

3

1. Drainageschicht: Vor der Befüllung des Kübels muss sichergestellt werden, dass sich im Boden Ablauflöcher befinden. Fehlen diese, kann man sie mit einem Bohrer ergänzen. Die unterste Schicht dient zur Drainage, um überschüssiges Wasser abzuleiten. Ohne eine Drainageschicht stagniert das Wasser im Kübel und es entsteht Staunässe, welche oft zu Wurzelfäule führt. Zur Drainage eignet sich Blähton besonders gut. Die Kugeln aus Ton absorbieren das überschüssige Wasser und verhindern Staunässe. Die Drainageschicht sollte ca. ⅓ des Kübels einnehmen.
2. Trennschicht: Über die Drainageschicht kommt ein Unkrautvlies. Die Trennschicht verhindert, dass sich Erde und Drainageschicht vermischen und die Ablauflöcher verstopfen.
3. Pflanzerde: Die restlichen ⅔ des Pflanzkübels können nun mit Erde aufgeschüttet werden. Je nach Bepflanzung kann hier auf verschiedene Erden (siehe Seite 76) zurückgegriffen werden. Es eignet sich aber auch normale Muttererde zur Befüllung. Diese sollte mit Dünger aufbereitet werden.

1. Blähton bildet die erste Schicht im Pflanzkübel.

2. Das Vlies dient als Trennschicht zwischen Blähton und Erde.

3. Den restlichen Kübel mit Erde auffüllen.

1

2

1. Terrakottakübel passen aufgrund ihrer Farbe und Struktur gut in mediterrane Gärten.

2. Metallkübel sind langlebig und stilistisch sehr anpassungsfähig.

PFLANZKÜBEL-MATERIALIEN

Die Auswahl des richtigen Pflanzkübels hängt von mehreren Faktoren ab: ästhetische Vorlieben, Stil des Gartens, Größe der Terrasse und der Bepflanzung.
Die Größe des Pflanzkübels sollte immer an die Größe der Pflanze angepasst werden. So verhindert man, dass die Pflanze sich eingeengt fühlt – und sie muss durch diesen kleinen Erdraum genug Wasser aufnehmen können. Die Wurzelgröße und das Pflanzenwachstum sollten daher bei der Dimensionierung des Kübels ebenso berücksichtigt werden. Die Größe der Terrasse und des Gartens ist bei der Größenentscheidung auch ein nicht ganz unwichtiger Faktor: Zu kleine Kübel wirken auf großen Terrassen schnell verloren, große Kübel hingegen wirken ästhetisch und geben der Terrasse Struktur. Pflanzkübel wirken besonders in Gruppen gut und lassen sich toll kombinieren. Der Pflanzkübel sollte stilistisch in den eigenen Garten passen. Hier kommen Form, Farbe und Material des Kübels ins Spiel. Pflanzkübel gibt es in den verschiedensten Materialien. Die Optik dieser Materialien hat einen starken Einfluss auf den Stil des Kübels. Und natürlich haben diese Materialien alle ihre Vor- und Nachteile.

Kunststoff

Vorteile: Kunststoff-Kübel sind besonders leicht, was den Transport und die Handhabung vereinfacht. Kunststoff ist sehr witterungs-, frost- und hitzebeständig und damit langlebig. Zudem sind Kübel aus Kunststoff die kostengünstigste Variante.

Nachteile: Kunststoff-Kübel sind nicht atmungsaktiv, was zu Staunässe führen kann. Hier ist die Drainage umso wichtiger. Zudem sind sie im Vergleich nicht besonders stabil und können bei starkem Wurzelwachstum aufplatzen. Bei Hitze heizt sich das Material auf und kann die Wurzeln schädigen.

Terrakotta

Vorteile: Das natürliche Material passt in naturnahe und rustikale Gärten. Terrakotta ist wasser- und luftdurchlässig. Zudem ist Terrakotta temperaturregulierend und bietet Schutz vor Hitze und Kälte.
Nachteile: Im Vergleich zu anderen Materialien ist Terrakotta sehr schwer. Zudem ist Terrakotta frostanfällig und kann im Winter leicht brechen. Durch die Feuch tigkeitsaufnahme ist das Material nicht resistent gegen Schimmel- und Algenbildung.

Holz

Vorteile: Pflanzkübel aus Holz können problemlos selbst gebaut werden. Das natürliche Material ist atmungsaktiv und sorgt für eine gute Luftzirkulation. Holz sorgt für eine natürliche Temperaturregulierung und schützt die Pflanzen vor Hitze und Kälte. Zudem kann man Holzkübel in den verschiedensten Stilen herstellen und somit an jeden Garten anpassen.
Nachteile: Holz ist nicht witterungsbeständig und bedarf regelmäßiger Pflege, um es zu schützen.

Metall

Vorteile: Kübel aus Metall sind sehr langlebig und besonders robust gegenüber Witterungseinflüssen und physischen Beschädigungen. Sie wirken zeitlos und stilvoll und passen so in die verschiedensten Gärten.
Nachteile: Metallkübel sind sehr teuer. Zudem ist die Wärmeleitfähigkeit ein Problem. Die Kübel heizen sich im Sommer stark auf und können die Wurzeln schädigen. Außerdem besteht Rostgefahr.

Fiberglas

Vorteile: Kübel aus Fiberglas sind wahre Leichtgewichte und absolut witterungsbeständig. Fiberglas hält hohen Temperaturschwankungen stand und ist resistent gegenüber Rost und Korrosion. Das macht die Kübel besonders langlebig.
Nachteile: Fiberglas Kübel sind sehr preisintensiv. Bei zu starker UV-Strahlung kann die Farbe verblassen, außerdem sind sie sehr empfindlich gegenüber stärkeren Stößen.

3. Das richtige Material für Kübel zu finden, ist bei der großen Auswahl nicht leicht.

4. Pflanzkübel aus Fiberglas rücken aufgrund ihrer positiven Eigenschaften immer mehr in den Fokus.

4

3

Töpfe & Kübel bepflanzen

Die Pflanzkübel haben es auf die Terrasse geschafft – und wollen nun bepflanzt werden. Mit der richtigen Bepflanzung schafft man sich wundervolle Hingucker auf der Terrasse. Welche Pflanzen fühlen sich im Kübel wohl? Worauf sollte man achten und welche Pflanzen passen gut zusammen?

WAS IST WICHTIG?

Bei der Pflanzauswahl gibt es einige Dinge, die man beachten sollte, um den Kübel langfristig erfolgreich zu bepflanzen.

1. Standort: Die Lichtverhältnisse spielen eine große Rolle. Nicht alle Pflanzen mögen es sonnig, daher sollte man bei der Auswahl der Pflanzen auf die Standortpräferenzen achten, dass diese sich lange im Kübel wohlfühlen.

2. Wurzelwachstum: Pflanzen mit einem starken Wurzelwachstum oder sehr tiefwurzelnde Pflanzen eignen sich nicht besonders gut für die Kübelbepflanzung. Der Kübel würde das Wurzelwachstum, und damit die gesunde Entwicklung der Pflanze, zu stark einschränken.

3. Feuchtigkeit: Pflanzen, die einen sehr hohen Feuchtigkeitsbedarf haben, sind für den Anbau im Kübel nicht besonders geeignet. Hier ist eine tägliche Bewässerung im Sommer notwendig, was nachhaltig betrachtet, nicht von Vorteil ist. Pflanzen ziehen sich in der Erde das Wasser über ihre Wurzeln aus der Umgebung. Dies ist im Kübel nicht möglich. Trockenresistente Pflanzen wie Gräser oder Lavendel bieten sich für Kübel daher eher an als Hortensien.

Erde

Es ist wichtig, die spezifischen Bedürfnisse der Pflanzen zu beachten, dass sie gesund bleiben und sich im Kübel entfalten können. Auch die Wahl der richtigen Erde kann ausschlaggebend für das Wohlbefinden der Pflanze sein. Die drei wichtigsten Erden sind Aussaat-/Kräutererde (geringer Nährstoffgehalt), Blumenerde (kann als Universalerde genommen werden) sowie Gemüse-/Toma-

Die großen Kübel auf der Terrasse rahmen den Essbereich ein und verbinden ihn optisch mit dem Garten.

tenerde (hoher Nährstoffgehalt; gilt in der Regel auch für Hochbeeterden). Des Weiteren gibt es Spezialerden u. a. für Zitruspflanzen, Rhododendren, Hortensien und Kakteen. Der Nährstoffgehalt und die Erdmischung ist auf die Pflanzen bereits abgestimmt, was einen guten Start im Kübel erleichtert. Die Nährstoffe sollten nach einigen Wochen regelmäßig durch einen geeigneten Dünger aufgefrischt werden.

Wasser

Die Bewässerung spielt ebenfalls eine wesentliche Rolle. Die Pflanzen im Kübel können sich nicht selbst mit Wasser versorgen. Meine Kübel werden in der Regel im Sommer ein- bis zweimal in der Woche gegossen. So werden die Pflanzen regelmäßig mit Wasser versorgt und Staunässe vermieden.

Die Pflanzkübel im Detail.

2

3

1

1. Mono-Bepflanzung mit Gräsern
2. Multi-Bepflanzung mit Frühblühern
3. Multi-Bepflanzung ganzjährig

WIE BEPFLANZT MAN KÜBEL?

Grundsätzlich gibt es zwei Möglichkeiten, einen Kübel zu bepflanzen, jede mit ihrer ganz eigenen Wirkung:

Mono-Bepflanzung

Für eine Mono-Bepflanzung wird eine „Highlight"-Pflanze als einzelne Bepflanzung in den Kübel gesetzt. Diese Art der Bepflanzung wirkt besonders effektiv in einem großen und ausladenden Kübel und schafft auf der Terrasse einen ästhetischen Hingucker. Zudem kann man bei einer Mono-Bepflanzung individuell auf die Bedürfnisse der Pflanze eingehen (Erde, Nährstoffe, Feuchtigkeit). Im Kübel konkurrieren außerdem keine weiteren Pflanzen um Nährstoffe und Feuchtigkeit, und die Pflanze kann uneingeschränkt wachsen. Hier bieten sich beispielsweise mehrstämmige, kleinere Bäume und buschige Sträucher an, aber auch Zitrus- oder Olivenbäume erzielen als Mono-Bepflanzung eine schöne Wirkung. Eine Mono-Bepflanzung ist aber auch mit vielen Pflanzen einer einzelnen Sorte denkbar. Hier bietet sich beispielsweise Blühendes wie Petunien oder Lavendel an, ebenso Gräser wirken in Gruppen im Kübel sehr ansprechend.

Multi-Bepflanzung

Bei der Multi-Bepflanzung wählt man verschiedene Pflanzen für einen Kübel aus und kreiert so ein harmonisches Arrangement. Diese Art der Bepflanzung ist sehr vielseitig und attraktiv, da man Pflanzen mit unterschiedlichen Formen und Farben kombinieren kann. Bei der Pflanzenauswahl sollten Wachstumsgeschwindigkeit und zukünftige Größe berücksichtigt werden und mit ausreichend Abstand gepflanzt werden. Eine abwechslungsreiche Bepflanzung kann man durch verschiedene Ebenen im Kübel erzielen, hierfür sollten Pflanzen in unterschiedlichen Höhen eingesetzt werden. Für das besondere Etwas können kriechende Bodendecker (z. B. Polsterthymian, Efeu oder Mühlenbeckia) am Rand des Kübels sorgen. Diese wachsen über den Kübel hinaus und binden ihn auf natürliche Weise in die Umgebung ein.

Mediterranes Flair

Für eine Kübelbepflanzung bieten sich im Übrigen auch Pflanzen an, die den kalten Winter im Freiland nicht überstehen würden. Somit kann man sich ein Stück Urlaubsgefühl nach Hause auf die eigene Terrasse holen. Insbesondere mediterrane Pflanzen sind an trockene Bedingungen gewöhnt und eignen sich daher perfekt für die Kübelhaltung. Oleander, Olivenbäume, Feigen oder auch Bougainvillea sind hier beliebt. Im Winter sollten die Kübel an einem hellen und kältegeschützten Ort überwintert werden.

Saisonal

Eine saisonale Bepflanzung des Kübels ist ebenfalls sehr beliebt. Das ermöglicht einen abwechslungsreichen Look der Kübel das ganze Jahr hindurch. Hier sind einige Inspirationen für eine saisonale Bepflanzung durch das ganze Jahr:

1. Frühling: Tulpen, Narzissen, Hyazinthen, Primeln, Stiefmütterchen u. v. m.
2. Sommer: Gräser, Schneegestöber, Petunien
3. Herbst: Chrysantheme, Herbstastern, Heuchera, Heidekraut
4. Winter: Immergrüne Pflanzen, beispielsweise Ilex oder Zypressen.

Egal, für welche Art der Bepflanzung man sich schlussendlich entscheidet, Pflanzkübel beleben die Terrasse und schaffen eine gemütliche Atmosphäre. Um den Effekt zu verstärken, können die Pflanzkübel mit Solarleuchten am Abend in Szene gesetzt werden.

Mono-Bepflanzung mit einem Olivenbaum-Hochstamm

MEINE LIEBLINGS-PFLANZEN FÜR KÜBEL

GRÄSER

Beispiele: Federgras, Lampenputzergras 'Little Bunny', Blauschwingel

Gräser wirken als Kübelbepflanzung luftig und locker und sind dabei unglaublich pflegeleicht. Die meisten Gräsersorten bevorzugen einen kargen Boden und benötigen nicht viele Nährstoffe. Sie sind mit einem gut durchlässigen Boden ohne Staunässe zufrieden, was sie für die Kübelbepflanzung perfekt macht. Zudem sind die meisten Gräsersorten trockenresistent, was die Pflege weiter erleichtert. Viele bevorzugen einen sonnigen Standort, ich habe aber mit diesen Gräserarten auch im Halbschatten gute Erfahrungen gemacht.

BODENDECKER

Beispiele: Mühlenbeckie, Efeu, Silberregen, Polsterthymian

Bei mir gibt es fast keine Kübelbepflanzung ohne Bodendecker. Sie gehören im Kübel zu meinen absoluten Lieblingen. Ich setze sie zum Abschluss an den Rand des Kübels. Die Pflanzen wachsen dann über den Rand hinaus und ranken bis zum Boden. Die Wirkung spricht für sich, es sieht unglaublich ästhetisch aus, wenn die Pflanzen sich aus dem Kübel schlängeln. Je nach Sorte haben die Pflanzen verschiedene Standort- und Bodenansprüche, sie sind aber alle sehr pflegeleicht. Ein weiterer Vorteil: Bodendecker halten Unkraut fern.

SCHNEEGESTÖBER

Chamaesyce hypericifolia

Das Schneegestöber zieht bei mir jedes Jahr in diversen Pflanzkübeln ein. Die Pflanze überzeugt mit zahlreichen zarten, weißen Blütenständen, die sich elegant durch die grünen Blätter schlängeln. Das kompakt wachsende und bis 50 cm hohe und breite Schneegestöber blüht vom Frühling bis in den Spätsommer hinein und bedarf so gut wie keiner Pflege. Die nicht-winterharte Staude bevorzugt Halbschatten und eine mittelmäßige Befeuchtung des Bodens. Ich gebe bei der Pflanzung Hornspäne in das Pflanzloch und binnen kurzer Zeit ist ein üppiger Busch herangewachsen.

FUNKIEN

Hosta

Ich liebe Funkien in allen Sorten, sowohl im Beet als auch im Kübel. Die großen Blätter sind ein echter Hingucker, und die zarten weißen oder lila Blüten verleihen der Pflanze ab Juni einen ganz besonderen Charme. Funkien sind Schattengewächse (Halbschatten ist auch möglich) und lassen in der prallen Sonne schnell die Blätter hängen. Funkien sind sehr pflegeleicht, die Jungpflanzen bei Schnecken aber leider sehr beliebt!). Sie kommen mit den meisten Bodenarten zurecht. Im Winter zieht die Staude sich komplett zurück und treibt im Frühling erneut aus.

HOCHSTAMM

Beispiele: Lavendel, Eukalyptus, Harlekinweide, Olive, Zitrone

Hochstamm-Bäumchen sind eine tolle Möglichkeit, um verschiedene Ebenen bei der Bepflanzung eines Kübels zu erreichen. Als Hochstamm gezüchtete Bäume sind veredelt, das bedeutet, dass die Krone weiterwächst, die Stammhöhe aber gleich bleibt. Mit diesem Vorteil sind Hochstämme ideal für die Kübelbepflanzung. Die Unterpflanzung des Bäumchens kann durch Gräser oder Bodendecker erfolgen. Die Standort- und Bodenpräferenzen hängen von der jeweiligen Sorte des Hochstammes ab.

KRÄUTER

Beispiele: Rosmarin, Schnittlauch, Thymian, Minze

Ein Pflanzkübel bietet ideale Bedingungen für frische Kräuter, denn hier können auf kleinem Raum viele verschiedene Sorten angebaut werden. Zudem kann man im Kübel die Bodenbeschaffenheit und Feuchtigkeit perfekt steuern. Der Standort des Kübels kann flexibel gewählt werden und in direkter Küchennähe platziert werden. Denn kurze Wege während des Kochens sind einfach praktisch, oder? Es sollte auf einen sonnigen Standort mit eher nährstoffarmem und gut drainiertem Substrat geachtet werden, denn das mögen nahezu alle Kräuter.

BLAU-
SCHWINGEL
EMU-STRAUCH
nicht winterhart

LAVENDEL-
HOCHSTAMM
FUNKIE
'SUM AND SUBSTANCE'
BLAU-
SCHWINGEL
MÜHLEN-
BECKIE

FEDERGRAS
'PONYTAIL'
SCHNEEGESTÖBER
EFEU
'VARIEGATA'

HARLEKINWEIDE
'HAKURO NISHIKI'
FEDERGRAS
'PONYTAIL'
SILBERREGEN
EFEU
'VARIEGATA'

PRAKTISCH & DEKORATIV

Küchenkräuter im Pflanzkübel sind nicht nur praktisch, sie haben auch eine dekorative Wirkung. An sonnigen Standorten fühlen sich mediterrane Kräuter am wohlsten.

Ein Kübel für Küchenkräuter

Ich liebe es, Dinge mit meinen Händen zu erschaffen. Uns fehlte lange Zeit ein Kräuterbeet in Küchennähe, welches genau in die Nische zwischen den Terrassentüren passt. Daher baute ich es einfach selber!

Mit einem DIY-Pflanzkübel ist man komplett frei in der Gestaltung und den Maßen und kann den Kübel individuell an seine persönlichen Gegebenheiten anpassen. Der Kübel kann also genau nach den eigenen Vorstellungen designt werden und passt somit perfekt in den eigenen Garten. Und für mich persönlich schwingt eine unheimlich große Leidenschaft in der Arbeit mit Holz mit. Das Gefühl, Dinge selbst zu erschaffen, macht unfassbar stolz und das Ergebnis gibt dem Garten einen individuellen Touch. Der Bau eines Pflanzkübels aus Holz ist auch nicht sehr schwer. Wie das Ganze geht, zeige ich euch auf der nächsten Seite. Mit etwas handwerklichem Geschick und dem richtigen Werkzeug ist der Pflanzkübel in ein paar Stunden fertig und die Pflanzen können einziehen.

WELCHES HOLZ?

Ich habe mich für Douglasien-Holz entschieden, da dieses Holz eine hohe natürliche Widerstandsfähigkeit gegenüber Witterungseinflüssen hat, was eine ideale Voraussetzung für den Einsatz im Außenbereich ist. Durch die zusätzlich aufgetragene Wetterschutzfarbe ist das Holz für einen sehr langen Zeitraum ideal geschützt. Zudem ist Douglasie ein besonders festes und stabiles Holz, dadurch neigt es weniger zu Verformungen oder zum Aufquellen.

WO PLATZIEREN?

Wir nutzen den Pflanzkübel für unsere Kräuter und haben direkt neben der Terrassentür zur Küche den idealen Standort gefunden. Kurze Wege beim Kochen sind hier das Stichwort. Der Kräuterkübel ist zur Südseite ausgerichtet und steht somit fast ganztägig in der Sonne – perfekte Bedingungen für die Kräuter.
Folgende Kräuter haben wir eingesetzt: Schnittlauch, Petersilie, Oregano, Thymian, Salbei, Rosmarin, Zitronenmelisse, verschiedene Sorten von Minze.

TIPP

Ein Kräuterbeet in Küchennähe sorgt für kurze Wege während des Kochens. Wir haben unser Kräuterbeet daher direkt neben der Terrassentür zur Küche platziert.

DIY-PFLANZKÜBEL

IN 8 SCHRITTEN

1. Materialliste:

- 32 Holzlatten Douglasie 200 x 4,4 x 2,4 cm (A)
- 4 Holzbalken Douglasie 200 x 5,4 x 3,4 cm (B)
- 4 Glattkantbretter Kiefer 200 x 10 x 1,8 cm (C)
- Noppenfolie
- Edelstahlschrauben und -winkel
- Wetterschutzfarbe
- Werkzeug: Akkuschrauber, Kapp- und Gehrungssäge (alternativ Gehrungslade), Schleifmaschine, Winkelspanner, Zollstock, Tacker, Holzleim

→ Die Maße meines Pflanzkübels

Der fertige Kübel hat die Maße: 200 x 35 x 70 cm.

2. Zuschnitt:

Die Holzlatten (A) werden mit der Gehrungssäge (alternativ mit Gehrungslade) an beiden Enden auf Gehrung (45°) gesägt. Dies sorgt für eine saubere und ästhetische Verbindung an den Ecken – es geht aber auch ohne Gehrungsschnitt.

Zuschnitt Holzlatten (A):
- 26 Stück auf 200 cm
- 26 Stück auf 35 cm
- 3 Stück auf 30 cm (A1)

Zuschnitt Holzbalken (B):
- 6 Stück auf 67 cm

3. Rahmen:

Die vorbereiteten Holzlatten (A) (je 2 lange und 2 kurze) werden mit Hilfe eines Winkelspanners im rechten Winkel zusammengeschraubt. Vor dem Einspannen in den Winkelspanner wird auf beide Gehrungsschnitte optional Holzleim auftragen, dies sorgt für eine stabilere Verbindung. Die Verschraubung sollte mit Edelstahlschrauben erfolgen, diese sind rostfrei. Insgesamt entstehen so 13 Holzrahmen.

4. Zusammenbau:

Jetzt wird der Pflanzkübel zusammengesetzt. Dafür werden die eben vorbereiteten Holzrahmen über die zugesägten Holzbalken (B) gesteckt und mit Edelstahlschrauben fixiert. Je 1 Balken (B) in jede Ecke und an den beiden langen Seiten ein Balken mittig zur Stabilisierung. Der Abstand zwischen den einzelnen Holzrahmen beträgt 1 cm (Tipp: Abstandshalter verwenden, z. B. ein Stück Restholz).

5. Zwischenboden (optional):

Um nicht den kompletten Pflanzkübel mit Erde befüllen zu müssen, kann ein Zwischenboden eingezogen werden. Dafür werden auf der Hälfte der Höhe (ca. 35 cm) an jedem Balken (B) Winkel aus Edelstahl montiert. Auf diese werden die Querlatten (A1) verschraubt, die als Unterkonstruktion für den Zwischenboden dienen. Die Glattkantbretter (C) werden auf diesen Querlatten befestigt.

6. Schleifen & Streichen:

Nach der Montage wird alles mit der Schleifmaschine und einem 180er-Schleifpapier geschliffen (optional per Hand). Im Anschluss wird der Staub entfernt und eine Holzschutzfarbe aufgetragen (2 Schichten). Die Holzschutzfarbe schützt das Holz bis zu 10 Jahre vor Witterung und macht es resistent gegen Pilz- und Algenwachstum. Das Holz kann auch vor dem Zusammenbau gestrichen werden.

7. Noppenfolie:

Um das Holz auf der Innenseite vor Erde und Feuchtigkeit zu schützen, wird eine Noppenfolie angebracht (alternativ Teichfolie). Die Folie wird auf das richtige Maß zugeschnitten und dann wahlweise mit einem Tacker, Nadeln oder Schrauben befestigt. Nach der Montage der Noppenfolie werden Drainagelöcher in den Boden gebohrt, um das Ablaufen des überschüssigen Wassers zu gewährleisten.

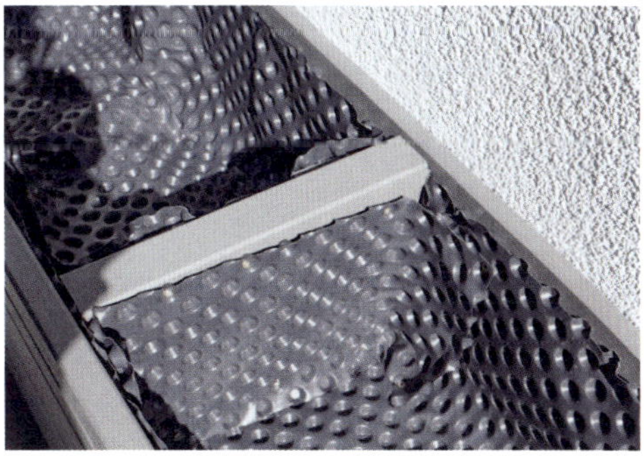

8. Trennsteg (optional):

Wir nutzen den Pflanzkübel als Kräuterbeet. Da die Minze sehr invasiv ist und die restlichen Kräuter überwuchern würde, wurde ein Trennsteg eingezogen. Somit wird der Pflanzkübel in zwei Hälften unterteilt. Im Anschluss kann der Kübel befüllt (Anleitung: siehe Seite 72) und bepflanzt werden.

Mischkultur

Beim Gemüseanbau ist eine Mischkultur wichtig, um eine gesunde und üppige Ernte zu erzielen.

Exkurs: Hochbeet

Abseits der Gestaltung einer gemütlichen Terrasse rückt das Thema „Gemüseanbau im eigenen Garten" immer mehr in den Fokus. Wir haben 2021 eine ungenutzte Ecke im Garten zu unserem Gemüse- und Naschgarten umfunktioniert und könnten glücklicher nicht sein.

Die eigenen Gurken, Tomaten und Erdbeeren aus dem Garten ernten – das ist einfach ein unglaublich tolles Gefühl. Wir haben auf ein klassisches Hochbeet für den Nutzgarten gesetzt und bereuen diese Entscheidung keine Sekunde. Das Hochbeet haben wir in einer ungenutzten Ecke integriert und in U-Form angelegt, um den Platz ideal auszunutzen. Selbstverständlich bin ich auch hier meiner Leidenschaft nachgekommen und habe die Hochbeete selbst gebaut. Die Vorgehensweise ist hier ähnlich wie bei meinem Kräuterkübel – online gibt es diverse Anleitungen, wie man schnell und einfach ein Hochbeet bauen kann.

ABER WARUM HOCHBEETE?

Optik: Hochbeete sind ein ästhetischer Hingucker und dienen als gestalterisches Element im Garten. Hochbeete schaffen eine neue Ebene im flachen Garten und lassen diesen spannender wirken.

Längeres Ernten: Das Hochbeet erwärmt sich schneller als der Boden, dadurch kann man im Frühjahr eher mit dem Anbau beginnen und bis in den Herbst hinein ernten.

Bessere Bodenqualität: Durch den Einsatz hochwertiger Kompost- oder Hochbeeterde kann die Bodenqualität gesteuert werden, was zu einem gesunden Wachstum und einer hohen Ernte beiträgt.

Drainage: Durch die ideale Befüllung des Hochbeetes u. a. mit einer Drainageschicht und abgestimmtem Substrat, herrschen optimale Bodenverhältnisse für die Pflanzen.

Ergonomie: Die erhöhte Position des Beetes erleichtert die Gartenarbeit, Bücken ist nicht notwendig und somit wird der Rücken geschont.

Wir wurden bisher nie enttäuscht und immer mit einem hohen Ertrag belohnt. Mittlerweile haben wir den Nutzgarten um ein weiteres Beet erweitert und profitieren nun von einem großen Naschbeet mit Erdbeeren, Himbeeren, Brombeeren und Johannisbeeren. Das Naschbeet grenzt direkt an den Kinderspielbereich, so können sich die Kinder

Rankhilfen für beispielsweise Gurken und Tomaten sind sinnvoll.

BEFÜLLUNG DES HOCHBEETES - VON UNTEN NACH OBEN

1. Drainageschicht:
grober Grünschnitt, Äste, Zweige
2. Grobkompost:
Laub, Rasenschnitt, grobe Kompostabfälle
3. Feinkompost:
Bio-Küchenabfälle (ungekocht, ungewürzt), zerkleinerte Pflanzenreste
4. Pflanzerde:
hochwertige Hochbeeterde

während des Spielens an den Beeren bedienen. Insgesamt ist das Thema „Gemüseanbau“ eine tolle Möglichkeit, seinen Kindern näherzubringen, wo unsere Lebensmittel herkommen und was Pflanzen für ein gesundes Wachstum benötigen. Ich beziehe unsere Tochter von der Aussaat bis zur Ernte mit ein und sie könnte nicht stolzer auf unser eigenes Gemüse sein.

HOCHBEET-BEFÜLLUNG

Für ein optimales Pflanzenwachstum gilt es einige Punkte zu beachten.
So ist die richtige Befüllung des Hochbeetes ausschlaggebend für eine hohe Ernte.
Die unteren, groben Schichten sorgen für eine optimale Belüftung des Beetes und dienen als Drainage, denn Staunässe sollte auch im Hochbeet auf jeden Fall vermieden werden. Die verschiedenen organischen Materialien werden mit der Zeit zersetzt und sorgen so für eine kontinuierliche Nährstoffversorgung innerhalb des Hochbeetes. Zudem entsteht durch die Zugabe von Pferdemist o. Ä. Wärme, die das Pflanzenwachstum fördert und die Erntezeit verlängert.

NÄHRSTOFFE

Ebenso wichtig, wie die richtige Befüllung, ist die ausreichende Versorgung der Pflanzen mit Nährstoffen. Obwohl die Zersetzung der organischen Materialien auf natürliche Weise Nährstoffe freisetzt, ist eine ergänzende Zugabe durch eine Düngung unerlässlich. Insbesondere Starkzehrer sollten in regelmäßigen Abständen (alle 1–2 Wochen) mit einem Dünger versorgt werden. Ich nutze hierfür am liebsten Flüssigdünger, denn diesen können die Pflanzen am schnellsten aufnehmen. So werden die Pflanzen während ihrer Wachstumsperiode optimal versorgt. Im Frühjahr empfiehlt sich eine Düngung mit abgelagertem Pferdedung. Der Mist ist ein optimaler organischer Dünger und bereitet die Erde im Hochbeet perfekt auf die neue Saison vor.

Kupferband am Hochbeet hält Schnecken fern

GUTE BEETPARTNER

Ein weiterer Punkt, dem sich viele, insbesondere Gartenneulinge, oft nicht bewusst sind: nicht alle Gemüsepflanzen können problemlos nebeneinander gepflanzt werden. Die falsche Kombination der Pflanzen kann dem Wachstum schaden, Krankheiten und Schädlinge fördern und somit die Ernte beeinträchtigen. Um den Hintergrund zu verstehen, müssen zunächst die Begriffe Starkzehrer und Schwachzehrer definiert werden:

Starkzehrer: Pflanzen mit einem hohen Nährstoffbedarf, z. B. Tomate, Gurke, Kohlgewachse

Schwachzehrer: Pflanzen mit einem geringen Nähstoffbedarf, z. B. Kräuter, Salat, Radieschen.

Im Gemüsebeet sollte stets eine Mischkultur angelegt werden, das heißt also: Pflanzen mit unterschiedlichem Nährstoffbedarf und Wurzelwachstum kombinieren. Somit können die Nährstoffe des Bodens optimal verteilt werden, ohne dass der Nährstoffgehalt des Bodens erschöpft. Als Grundregel kann man festhalten: Starkzehrer sollten immer einen Schwachzehrer als Pflanznachbarn haben. So kann die Nährstoffnutzung im Boden ausgeglichen werde. Und dann gibt es noch die Mittelzehrer, beispielsweise Zwiebel oder Möhren, diese Pflanzen sind „Alleskönner" und vertragen sich sowohl mit Starkzehrern als auch mit Schwachzehrern.

Vermeide es außerdem, Gemüse aus der gleichen Pflanzenfamilie im Beet zusammenzusetzen, z. B. keine Tomaten mit Paprika oder Auberginen, sie gehören alle drei zur Familie der Nachtschattengewächse. Und keine Kohlsorten in ein gemeinsames Beet!

HILFE GEGEN NACKTSCHNECKEN

Ein sehr leidiges Thema im Gemüsegarten sind die Nacktschnecken.

Es gibt einige Tipps, die mir geholfen haben, mein Hochbeet vor den gefräßigen Tieren zu schützen:

– breites Kupferband am Rand des Hochbeetes anbringen – Schnecken meiden Kupfer und kriechen nicht darüber

– Holzschnitzel – Schnecken können schwer über den Untergrund kriechen

– Absammeln – wenn nichts mehr hilft, jeden Abend die Schnecken einsammeln

TIPP

Ein Hochbeet lasst sich auch toll an der Terrasse integrieren. Es begrenzt die Terrasse optisch und schafft Spannung durch die neue Ebene. Zudem ist das geerntete Gemüse nahe an der Küche dran, in der es verarbeitet werden kann. Somit schafft man gleichzeitig kurze Laufwege.

Das etwas andere Terrassenbeet

Unser Olivenbaum

Ein großer Olivenbaum im Garten? Frei ins Beet gepflanzt? Das geht doch nicht! Und wie das geht! Mit der richtigen Vorbereitung und Pflege kommen große Olivenbäume auch in unseren Breitengraden problemlos zurecht und verleihen dem Garten ein ganz besonderes Flair.

VON ANFANG AN war mir eines klar: an der Terrasse soll ein großer, alter Olivenbaum seinen Platz finden. Diese Bäume strahlen eine unglaubliche Ruhe aus, verleihen dem Garten einen mediterranen Touch. Das silbrig-grüne Laub und die knorrigen, verdrehten Stämme sind charakteristisch für Olivenbäume und wirken dadurch wie ein lebendiges Kunstwerk im Garten. Die großen Riesen sind immergrün und daher auch im Winter sehr dekorativ.
Unser Olivenbaum steht seitlich an der Terrasse und bietet einen idealen Sichtschutz. Wir sitzen im Loungebereich dadurch sichtgeschützt vor den Nachbarn und genießen das sehr. Das Beet des Olivenbaumes ist mit markanten, breiten Stufen eingefasst und misst 2 x 2 m. Eine gute Drainage ist für einen Olivenbaum sehr wichtig, denn auf Staunässe reagiert er sehr empfindlich. Die Drainage kann, wie in Pflanzkübeln, mit Blähton erfolgen. Wir haben uns bewusst gegen eine Unterpflanzung entschieden, um dem Olivenbaum nicht die Show zu stehlen. Der Olivenbaum ist das Highlight unseres Gartens und darf ohne Ablenkung seine Wirkung entfalten. Die Überwinterung eines ausgepflanzten Olivenbaumes ist tatsächlich gar nicht so schwer. Unser Baum ist bis -15° winterhart. Wird es kälter, sollte man Schutzmaßnahmen ergreifen. Wir decken präventiv die Erde um den Olivenbaum mit Tannengrün ab, das schützt den

Wurzelbereich vor der Kälte. Zusätzlich kann der Stamm mit Jute oder Vlies geschützt werden. Einige Experten raten auch dazu, die Krone während einer starken Kälteperiode mit einer Haube abzudecken oder den Stamm mit einer Stammheizung zu versehen. Auf diese Maßnahmen haben wir bisher verzichtet und sind immer gut durch den Winter gekommen.

DIE PFLEGE DES OLIVENBAUMES ist ebenfalls nicht sehr kompliziert. Olivenbäume sind sehr trockenresistent, nachdem sie gut angewachsen sind. Sie sollten aber dennoch in regelmäßigen Abständen bewässert werden. Um den Olivenbaum mit Nährstoffen zu versorgen, kann man ab dem Frühjahr einen speziellen Dünger für Olivenbäume geben. Ebenso gut sind Rasen- oder Tomatendünger, denn diese enthalten die drei wichtigsten Nährstoffe für den Olivenbaum: Stickstoff, Phosphor und Kalium.

PFLEGE RUND UMS JAHR

FRÜHJAHRSPUTZ

Die Terrasse hat nach dem Winter eine gründliche Reinigung verdient.
In der Frühlingssonne macht es direkt Lust auf die kommende Saison.

Frühling – das Gartenjahr beginnt

Die ersten Sonnenstrahlen kitzeln und der Frühling macht sich auf den Weg. Nach dem langen Winter stehen einige Aufgaben auf der To-do-Liste, um die Terrasse und den Garten aus dem Winterschlaf zu locken.

Die ersten Arbeiten im Garten nach dem Winter sind für mich immer etwas ganz Besonders. Das Wohnzimmer erweitert sich langsam wieder nach draußen – aber vorher bedarf es noch etwas Arbeit auf der Terrasse.

GRUNDREINIGUNG

Bevor die Terrassenmöbel ihr Winterquartier verlassen, steht erst einmal die Grundreinigung der Terrasse auf dem Plan. Ich nutze hierfür am liebsten einen Hochdruckreiniger mit Flächenaufsatz. Die Reinigung der Terrassenplatten geht damit super einfach von der Hand und die Platten werden, auch ohne Reinigungsmittel, gründlich sauber. Die Terrassenplatten werden mit dem Flächenaufsatz schonend gereinigt und nicht unnötig aufgeraut. Übrigens wird man mit einem Hochdruckreiniger auch den lästigen Grünbelag los, der sich während der feuchten und dunklen Monate auf dem Belag festgesetzt hat. Besitzt man keinen Hochdruckreiniger, ist das auch kein Problem. Ein handelsüblicher Schrubber löst die Verschmutzungen auf der Terrasse ebenso gut – es dauert meist nur etwas länger. Und für die Entfernung des Grünbelages habe ich einen einfachen, aber ebenso effektiven Tipp für euch: Waschsoda-Wasser-Lösung! Obwohl Soda ein natürliches Reinigungsmittel ist, sollte es mit Bedacht eingesetzt werden. Soda ist stark alkalisch und kann umliegenden Pflanzen schaden. Das Waschsoda wird zur Entfernung von Grünbelag stark verdünnt, sollte aber dennoch nicht in direkte Berührung mit Pflanzen kommen (insbesondere nicht ins Wurzelwerk gelangen).

GRÜNBELAG ENTFERNEN – WIRKT AUCH BEI MOOS

10 EL Waschsoda in 10 Liter Wasser auflösen

Lösung auf betroffene Stellen auftragen

2–3 Stunden einwirken lassen

abspülen und hartnäckige Stellen ggf. schrubben

WEITERE TO-DOS IM FRÜHLING

RÜCKSCHNITT

Der Frühling ist die wichtigste Zeit für den Rückschnitt vieler Pflanzen, um ihr gesundes Wachstum zu fördern. Der beste Zeitpunkt für den Rückschnitt ist das zeitige Frühjahr, noch bevor die Pflanzen mit dem Neuaustrieb beginnen. Der Rückschnitt ist von Pflanze zu Pflanze unterschiedlich und sollte immer fachgerecht erfolgen. Im Allgemeinen gilt aber für alle Pflanzen, dass abgestorbene und vertrocknete Äste entfernt werden können. Verwende immer eine scharfe Gartenschere, um die Pflanze nicht zusätzlich zu verletzen.

Gräser und Stauden, die einen schönen Winteraspekt und Nützlingen Schutz bieten, werden oft erst im Frühjahr zurückgeschnitten.

Die Schneeballhortensie 'Annabelle' und die Rispenhortensien wollen stark zurückgeschnitten werden (bis ca. 30 cm über dem Boden). Die Pflanzen treiben erneut aus und wachsen wieder bis zu 2 m in die Höhe (je nach Alter der Pflanze und Sorte).

Hecken (Ausnahme: Frühjahrsblüher, wie Forsythie und Blutpflaume!) werden ebenfalls – Mitte Februar – auf ihr gewünschtes Maß zurückgeschnitten.

ALLGEMEINE BEETPFLEGE

Die Erde auflockern und mit Kompost oder Pferdedung aufwerten. Man kann auch einen Bodenaktivator nutzen, dieser erhöht die Qualität des Bodens, was sich positiv auf das Pflanzenwachstum auswirkt. Durch die Zugabe von natürlichem Dünger wird das Bodenleben aktiviert, was zu einer nachhaltigen Bodenverbesserung beiträgt.

Neben den Beeten sollte der Rasen nicht zu kurz kommen. Nach der Forsythienblüte wird zum ersten Mal gedüngt und nach einigen Wochen ggf. vermooste Stellen vertikutiert und nachgesät.

AUSSAAT VON SOMMERBLÜHERN

Im späten Frühjahr ist der richtige Zeitpunkt, um Sommerblüher wie Zinnien oder Kosmeen direkt im Beet auszusäen bzw. Dahlienknollen zu setzen. Damit wird der Grundstein für ein farbenfrohes Blütenmeer im Sommer gelegt. Die Knollen der Dahlien sollten vor dem Einsetzen einige Stunden in Wasser eingelegt werden, das beschleunigt den Austrieb. Das Vorziehen der Sommerblumen ist alternativ auch ab Anfang März auf der Fensterbank möglich.

Keimlinge können jetzt für den Gemüsegarten vorgezogen werden.

Das Federgras kann zurückgeschnitten oder ausgekämmt werden. Das Auskämmen sollte man die Saison über regelmäßig wiederholen.

1

1. + 2. Der Rückschnitt der Hortensien geschieht im zeitigen Frühjahr und kann radikal erfolgen.

2

RÜCKSCHNITT SCHNEEBALLHORTENSIEN

Die Schneeballhortensien und Rispenhortensien blühen am einjährigen Holz. Das bedeutet, dass die Blüten an den Trieben gebildet werden, die in der aktuellen Saison gewachsen sind. Daher kann und sollte der Rückschnitt im zeitigen Frühling radikal erfolgen. Im Gegenzug stehen die Bauernhortensien. Hier werden die Blüten am „alten Holz“ gebildet, also an den Trieben aus dem Vorjahr. Schneidet man die Bauernhortensien zu früh zurück, riskiert man, dass sie in diesem Jahr nicht blühen.

Zeitpunkt Rückschnitt

Der ideale Zeitpunkt für den Rückschnitt von Schneeballhortensien ist das zeitige Frühjahr – optimalerweise Ende Februar/Anfang März. Je später der Rückschnitt erfolgt, umso später beginnt die Hortensie im Sommer mit der Blüte. Der Rückschnitt muss durchgeführt werden, bevor die Pflanze mit dem Neuaustrieb loslegt. Droht nach dem Rückschnitt Frost, ist das für den Neuaustrieb der Annabelle-Hortensie kein Nachteil. Es muss also nicht auf die Wetteraussichten geachtet werden.

Vorgehensweise

Der Rückschnitt von Schneeballhortensien erfolgt sehr radikal. Die Äste aus dem Vorjahr werden drastisch eingekürzt und bei der kompletten Pflanze auf ca. 30 cm über dem Boden zurückgeschnitten. Als Faustregel gilt: Es sollten immer zwei bis drei Augenpaare pro Trieb stehen bleiben. Ich persönlich gehe bei dem Rückschnitt nicht so genau vor, sondern schneide nach Augenmaß und habe damit immer gute Erfahrungen gemacht. Das Gärtnern soll ja nicht in eine Wissenschaft ausarten.

Pflanzenstütze

Die Schneeballhortensie 'Annabelle' bildet sehr große Blütenköpfe, daher empfiehlt es sich, diese zu stützen. Bei Regen werden die großen Blüten sehr schwer und können abknicken. Um das zu verhindern, stütze ich meine Annabelle-Hortensien mit einem Gitter, durch das sie hindurchwachsen. Es gibt spezielle „Hortensien-Gitter“, wir nutzen jedoch Estrichmatten. Diese bringe ich auf einer Höhe von 1,4 m an, um die Blüten ausreichend stützen zu können. Das Gitter stelle ich direkt nach dem Rückschnitt im Frühjahr auf.

3. Nach dem Rückschnitt der Hortensien bringe ich direkt die Pflanzenstützen aus Estrichmatten an.

3

TIPP

Je weiter man die Schneeballhortensie zurückschneidet, umso größer werden die Blüten. Zudem verdichtet sich die Pflanze mit jedem Rückschnitt, da aus jedem abgeschnittenen Trieb zwei neue Triebe wachsen.

Mähroboter

Der Mähroboter nimmt uns viel Arbeit ab. Wichtig: nur am Tag fahren lassen und Geräte mit Hinderniserkennung wählen.

Sommersaison

In der Sommerzeit kann man seine grüne und blühende Oase genießen. Ohne Arbeit und Pflege geht es leider nicht ganz, denn der Garten soll im besten Fall auch grün und blühend bleiben. Aber keine Sorge, die „großen“ Arbeiten sind mit dem Frühling abgeschlossen.

Die Terrasse ist hergerichtet, die Pflanzkübel sind bepflanzt – auf der Terrasse stehen also kaum noch Arbeiten an während der Sommermonate. Lediglich der Besen wird bei uns regelmäßig geschwungen, um den Dreck von der Terrasse zu kehren. Die Beete und der restliche Garten haben etwas Pflege nötig, um die Gesundheit der Pflanzen zu gewährleisten, und Schädlinge und Krankheiten zu erkennen und zu bekämpfen. Der Sommer im eigenen Garten soll nicht in Arbeit ausarten, aber dass der Garten ästhetisch und gepflegt bleibt, bedarf es ein paar Handgriffen.

WELCHE ARBEITEN STEHEN AN?

Täglich

Bewässerung: morgens oder abends sollte im Hochsommer gewässert werden; nicht alle Pflanzen benötigen eine tägliche Bewässerung.

Ernte: Obst und Gemüse im Nutzgarten; eine regelmäßige Ernte regt die Pflanze zu mehr Fruchtbildung an.

Wöchentlich

Rasenmähen: regelmäßiges Mähen stärkt das Wurzelsystem und fördert das Wachstum neuer Gräser – der Rasen wird also dichter und gesünder. Im Hochsommer nicht zu tief mähen, da der Rasen droht zu verbrennen.

Unkraut entfernen: Je öfter man Wurzel- und Blütenunkräuter gründlich entfernt, desto weniger können sie sich ausbreiten. Eine dichte Bepflanzung, das Einsetzen von Bodendeckern oder eine Mulchschicht (z. B. Pinienrinde oder Lavamulch) kann Unkrautwachstum eindämmen.

Pflanzeninspektion: Eine regelmäßige Kontrolle der Pflanzen auf Krankheiten und Schädlinge ist wichtig, denn eine frühe Diagnose erleichtert die Behandlung.

Pflanzenpflege: Verblühtes abschneiden, um neue Blütenbildung anzuregen.

Düngen: bei Flüssigdünger einmal die Woche, Langzeitdünger reicht alle 2–3 Monate.

REMONTIERSCHNITT BEI STAUDEN

Der Remontierschnitt ist eine Schnitttechnik, bei der die Pflanze nach der Blüte zurückgeschnitten wird. Diese Technik wird bei einigen Staudenarten angewandt, wodurch sich die Pflanze verjüngt und zu einem zweiten Austrieb angeregt wird. Ziel des Remontierschnittes ist also eine zweite Blüte der Pflanze im selben Jahr.

TIPP

Der Remontierschnitt sollte rechtzeitig erfolgen, dass die Pflanze ausreichend Zeit hat, neue Blütenstände zu bilden.

Wann sollte der Remontierschnitt erfolgen?

Der ideale Zeitpunkt ist direkt nach der ersten Blüte, meist im Frühsommer (Ende Juni bis Mitte Juli). Der genaue Zeitpunkt hängt von der Staudenart ab und sollte immer individuell geprüft werden. Sobald die Blüten verwelkt sind, kann der Remontierschnitt vorgenommen werden. Hier braucht man keine Bedenken zu haben, den Insekten eine Nahrungsquelle zu rauben. Sind die Blüten verwelkt, bieten diese keine Nahrungsquellen mehr für Bienen & Co.

Wie erfolgt der Remontierschnitt?

Die Art und Weise des Remontierschnittes hängt von der Pflanze ab. Die meisten Stauden, die den Remontierschnitt vertragen, werden nach der ersten Blüte bodennah zurückgeschnitten. Hierfür nimmt man die Blütenstände büschelweise zusammen und schneidet diese ab. Beim Lavendel kann der Sommerschnitt im Juli zu einer zweiten Blüte führen. Lavendel zählt botanisch gesehen nicht zu den Stauden, sondern zu den Halbsträuchern. Hier erfolgt der Rückschnitt nach der Blüte nicht bodennah, es werden nur die Blütenstände abgeschnitten. Diese nehmen circa ein Drittel der Pflanze ein. Einige Staudenarten, beispielsweise Phlox, werden unterhalb der Blüte über einem gesunden Blattpaar abgeschnitten. Die Pflanzen treiben nach dem Rückschnitt neu aus und bilden neue Blütenstände.

Was passiert nach dem Remontierschnitt?

Nach dem Rückschnitt ist es empfehlenswert, die Pflanzen mit Nährstoffen zu versorgen und ausreichend zu bewässern. So hat die Staude genügend Energie für einen erneuten Austrieb.

Welche Pflanzen eignen sich?

Katzenminze, Salbei, Rittersporn, Frauenmantel, Sterndolde, Kugeldistel, Storchschnabel, Phlox und viele mehr. Aber auch einige Rosenarten (Beet- und Edelrosen) remontieren und belohnen uns mit einer zweiten Blüte.

1

2

1. Verblühtes wird großzügig zurückgeschnitten.

2. Die Pflanze hat nun die Chance, neue Blüten zu bilden. Idealerweise versorgt man die Pflanze nach dem Rückschnitt mit einem Dünger.

RICHTIG BEWÄSSERN: GESUNDES PFLANZENWACHSTUM & RESSOURCENSCHONUNG

1. ZEITPUNKT

Der Zeitpunkt der Bewässerung ist ausschlaggebend für die Effizienz und wichtig im nachhaltigen Umgang mit Wasser. Der Garten sollte entweder in den frühen Morgenstunden oder am Abend bewässert werden. Zu diesen Zeiten wird die Verdunstung des Wassers während des Gießens vermieden und die Pflanze kann die Feuchtigkeit optimal aufnehmen. Vor dem Wässern sollte der Boden auf Restfeuchtigkeit geprüft werden (Fingerprobe). Ist der Boden noch gut durchfeuchtet, ist eine Bewässerung nicht notwendig.

2. HÄUFIGKEIT

Die Häufigkeit der Bewässerung hängt von folgenden Faktoren ab: Wetter, Standort, Bodenstruktur, Pflanzenvorlieben und Alter der Pflanze. Als Grundregel ist zu beachten: Die Kübel sollten seltener bewässert werden, dafür aber intensiver. Die durchdringende Bewässerung des Bodens regt das Wurzelwachstum der Pflanzen an, so dass diese sich tiefer verwurzeln und sich selbstständig mit Wasser versorgen können. Ich bewässere unsere Beete ein- bis zweimal die Woche. Je größer der Kübel, desto weniger muss bewässert werden. Ich mache immer die Fingerprobe und teste, ob das Substrat unter der Oberfläche noch feucht ist. Erst dann wird gegossen!

3. ART & WEISE

Neben der klassischen Bewässerung mit Gießkanne und Schlauch kann man auf eine automatisierte Bewässerung zurückgreifen. Wahlweise mit kleinen Sprenklern oder einer Tröpfchenbewässerung. Schließt man diese an eine Zeitschaltuhr, bewässern sich Terrasse und Garten automatisch und die Pflanzen sind stets gut versorgt.

Ein Bewässerungssystem im Kübel bietet u. a. während des Urlaubs eine große Erleichterung.

Selbst bei meinen großen Schneeballhortensien ist eine Bewässerung ein- bis zweimal pro Woche völlig ausreichend.

1

2

1. Hornspäne sind ein organischer Stickstoffdünger, der für alle Arten von Pflanzen geeignet ist.

2. Flüssigdünger gibt umgehend die Nährstoffe an die Pflanzen ab.

Kohlrabi braucht im Vergleich zu den meisten anderen Kohlarten weniger Dünger.

DÜNGEN IM SOMMER

Pflanzen benötigen eine ausreichende Nährstoffversorgung, um sich gesund zu entwickeln und ihre volle Pracht zu entfalten. Nachdem im Frühling die Düngung mit einem Langzeitdünger ausgebracht wurde, kann im Sommer nochmals nachgedüngt werden.
Der Langzeitdünger wird im Frühling als Granulat ausgebracht und gibt dann konstant für 2–3 Monate Nährstoffe an den Boden ab. Im Sommer steige ich auf Flüssigdünger um, dieser gibt die Nährstoffe sofort frei und die Pflanzen können direkt von den Vorteilen profitieren. Insbesondere bei Stauden, die im Sommer blühen und bei bereits remontierten Pflanzen, setze ich nochmals einen Dünger ein. Ebenso im Nutz- und Naschgarten dünge ich die Pflanzen die komplette Saison über mit Flüssigdünger, um eine ertragreiche Ernte zu erzielen.

Natürlicher Dünger

Ein beliebter und natürlicher Dünger sind Hornspäne. Dieser wertvolle Nährstofflieferant versorgt Pflanzen hauptsächlich mit Stickstoff. Aus diesem Grund sollten Hornspäne nur bis Ende Juli verwendet werden, da Stickstoff die Wurzeln frostempfindlich macht. Hornspäne wirken als Langzeitdünger und geben konstant Nährstoffe an die Pflanzen ab. Zudem fördert die Zersetzung der Hornspäne die Aktivität der Bodenorganismen und verbessert so die Qualität des Bodens.

Letzte Düngung

Mit Hinblick auf den nahenden Herbst und die kühleren Temperaturen sollte man auch den letzten Zeitpunkt der Düngung planen.
Bei einer zu späten Düngung, insbesondere mit stickstoffhaltigem Dünger, kann sich die Pflanze nicht ausreichend auf den Winter vorbereiten und es drohen Frostschäden. Um das zu verhindern, sollte die letzte Versorgung mit einem kalium basierten Dünger erfolgen. Kalium unterstützt die Pflanzen im Winter und macht sie widerstandsfähiger gegen Kälte und Trockenheit.
Der ideale Zeitpunkt für die letzte Düngung ist Ende August.

TIPP

Langzeitdünger brauchen während der Saison nur ein- bis zweimal ausgebracht werden und spenden konstant Nährstoffe.

Die Beete lasse ich im Herbst und im Winter völlig unberührt. Den Rückschnitt verlagere ich komplett in den Frühling. So wirken die Beete nicht zu kahl, die unbeschnittenen Pflanzen bieten für sich selbst und umliegende Pflanzen einen optimalen Kälteschutz, und Insekten und Kleintiere nutzen die Pflanzen zur Überwinterung und als Nahrungsquelle.

Herbstzeit

Die Tage werden kürzer und die Gartensaison neigt sich dem Ende. Im Garten fallen vorbereitende Arbeiten für die Überwinterung sowie Aufräumarbeiten an. Der Garten kommt langsam zur Ruhe und die Vegetationsperiode der meisten Pflanzen neigt sich dem Ende.

MÖBEL EINLAGERN

Sobald das Wetter unbeständig, nass und kalt wird, ist es an der Zeit, die Terrassenmöbel einzulagern. Die Möbel danken es einem durch eine längere Lebensdauer, selbst bei witterungsfesten Materialien ist eine Einlagerung der Möbel immer zu empfehlen. Bei uns wandern Lounge, Tisch und Stühle in den Schuppen, so dass die Terrasse zum Ende des Herbstes leer steht. Fehlt es einem an Platz, ist es ebenfalls möglich, die Möbel unter einer Abdeckplane zu überwintern.

RASENPFLEGE

Im Herbst steht noch einmal die Rasenpflege auf dem Programm. Die Hitze und Trockenheit des Sommers laugen den Rasen meist ziemlich aus. Der Rasen kann bis zum Einsetzen der Nachtfröste gemäht werden, denn erst bei Frost stoppt seine Vegetationsphase. Nachdem Unkraut aus dem Rasen entfernt wurde, kann die Herbstdüngung aufgebracht werden. Diese weist einen höheren Anteil an Kalium auf, da Kalium die Wurzeln widerstandsfähiger gegen den Frost macht.

LAUB & FALLOBST AUFSAMMELN

Rasenflächen sollten stets von Laub und Fallobst befreit werden. Diese Maßnahme verhindert, dass sich gelbe und kahle Stellen auf dem Rasen bilden. Herabgefallenens Laub vermehrt zudem das Wachstum an Moos und kann Pilzkrankheiten verursachen. Je nach Menge des Laubs sollte es ein- bis zweimal die Woche zusammengeharkt oder mit dem Rasenmäher aufgesaugt werden.

1

Neue Blumenzwiebeln setzen

Wer im Frühling die bunte Blütenpracht genießen will, der muss im Herbst Zwiebeln in Kübel und Beet einbuddeln. Der Herbst ist die ideale Pflanzzeit für die Blumenzwiebeln der Frühblüher und die Gartencenter und Supermärkte sind voll von einer unendlichen Auswahl an den verschiedensten Sorten.

Tulpen, Krokusse, Narzissen, Hyazinthen ... Wenn im Frühling die ersten Blumen die Köpfe aus der Erde recken, werden die Frühlingsgefühle geweckt und die Vorfreude auf die kommende Gartensaison wird immer größer. Die Vorarbeit für das bunte Blütenmeer muss aber bereits im Herbst geleistet werden. Ab Ende September können die Blumenzwiebeln in die Erde gesetzt werden. Mit dem Setzen der Zwiebeln sollte jedoch nicht zu lange gewartet werden, denn die Zwiebeln sollten im besten Fall vor dem ersten Frost die Chance haben, sich zu verwurzeln. Der Boden sollte bereits etwas abgekühlt sein, denn die Blumenzwiebeln sollen sich zwar verwurzeln aber noch nicht austreiben.

WIE WERDEN BLUMENZWIEBELN GESETZT?

Blumenzwiebeln werden je nach Sorte verschieden tief in der Erde vergraben. Die jeweilige Setztiefe steht auf den Packungen der Blumenzwiebeln mit drauf. Generell gilt: Die Zwiebel kommt doppelt so tief in den Boden wie sie hoch ist. Die Spitze der Zwiebel wird immer nach oben gesetzt. Besonders schön sieht es aus, wenn die Blumen in Gruppen gesetzt werden, dadurch wird die Wirkung der Blüten verstärkt. Der Abstand zwischen den einzelnen Zwiebeln sollte in der Regel die doppelte Zwiebelbreite betragen, ich persönlich setze, insbesondere bei Krokussen und Tulpen, die Zwiebeln auch enger zusammen.

WELCHER STANDORT EIGNET SICH?

Frühblüher bevorzugen einen sonnigen Standort, kommen aber auch gut im Halbschatten zurecht. Im Frühling ist die Bodentemperatur, insbesondere Nachts, noch sehr gering. Die Sonne hilft den Blumen beim Austrieb und Wachstum.

WAS PASSIERT MIT DEN ZWIEBELN NACH DER BLÜTE?

Nachdem die Frühblüher verblüht sind, werden die Blütenköpfe entfernt. Das Laub sollte jedoch stehen bleiben, bis es verwelkt ist. Die Zwiebeln können durch diesen Prozess bereits neue Energie für die kommende Saison speichern und werden kräftiger. Sie können das ganze Jahr in der Erde bleiben.

1. Highlight im Frühling: die Zwiebeln von verschieden hohen Zwiebelblumen werden in Schichten eingepflanzt.

2. Beste Wirkung in Rabatten als Gruppe.

KÄLTESCHUTZ

Wir nutzen unser Terrassendach als Unterstand für unsere Terrassenmöbel. So stehen sie geschützt und kommen ohne Probleme durch den Winter.

Winterschutz

Die Überwinterung der Pflanzen in Kübeln ist nicht besonders schwer. Die Pflanzen in den Pflanzkübeln können an einen windgeschützten Ort, beispielsweise an die Hauswand, gestellt werden.

Bei Bedarf die Kübel mit Jute, Vlies oder Luftpolsterfolie einwickeln, um die Wurzeln im Kübel vor der Kälte zu schützen. Kälteempfindliche Pflanzen wie Oliven-, Zitrus- oder Feigenbäume sollten im Winter an einen frostgeschützten Platz gestellt werden. Der Ort sollte kühl und hell sein. Eine Überwinterung im Haus ist aufgrund der warmen Temperaturen nicht zu empfehlen, ggf. in kühleren Räumen wie Hausfluren.

PFLANZEN IM BEET

Die meisten Stauden und Sträucher sind winterhart und benötigen keinen zusätzlichen Schutz im Winter. Kälteempfindliche Pflanzen (z. B. Pampasgras, Sommerflieder, Hibiskus) oder junge Stauden und Gehölze in den Beeten können mit einer Mulchschicht aus beispielsweise Laub, Tannengrün oder Stroh abgedeckt werden, hilft natürlich auch zusätzlich bei Kübelpflanzen. Diese Schicht schützt die Wurzeln der Pflanze vor dem Frost und hält den Boden warm. Die Stämme junger Bäume können während der ersten Winter mit Jute oder Vlies umwickelt werden. Dies verhindert bei den Jungpflanzen Frostschäden. Als Faustregel gilt: Je älter die Pflanzen werden, umso frostverträglicher sind sie.

BEWÄSSERUNG

Im Frühling stellt man mit Schrecken fest, dass einige Pflanzen in den Kübeln den Winter nicht überstanden haben. Der Grund ist in den meisten Fällen nicht der Frost. Viele Pflanzen in Blumenkübeln vertrocknen im Winter. Daher sollte die Feuchtigkeit bei Kübelpflanzen stets im Blick behalten werden. Es gilt zu beachten, dass bei Frost nicht gewässert werden sollte, da dies zu Wurzelschäden führt. Nach einer Frostperiode können die Kübelpflanzen bei Trockenheit gegossen werden.

WAS TUN BEI SCHNEE?

Eine glitzernde Schneedecke hüllt den Garten ein. Aber ist der Schnee schädlich für die Pflanzen? Nein! Der Schnee darf auf den Pflanzen verbleiben und muss nicht entfernt werden. Er hat sogar einen positiven Effekt, denn die Schneedecke dient als isolierende Schicht und schützt die Pflanzen sogar vor der vorherrschenden Kälte. Erdrückt die schwere Schneelast aber Bäume, Sträucher und Hecken, sollte der Schnee entfernt werden. Durch das Gewicht des Schnees könnten Äste und Zweige abbrechen und einen Schaden an der Pflanze verursachen.

Um Frostschäden zu vermeiden, sollten die Wasserhähne im Garten winterfest gemacht werden.

WINTERSCHUTZ: WASSERLEITUNGEN

Ein wichtiger Punkt, um den Garten winterfest zu machen, ist das Thema Wasser. Stehendes Wasser in Leitungen und Schläuchen kann kostspielige Frostschäden im Winter verursachen. Gefriert Wasser in den Leitungen, können durch die damit verbundene Ausdehnung des Wassers Dichtungen kaputt gehen oder Rohre platzen. Diese Schäden sind leicht zu vermeiden, indem man alle Zuleitungen zu den Außenwasserhähnen abschaltet und alle Wasserleitungen und Gartenschläuche komplett entleert. Auch Bewässerungssysteme und Sprenkleranlagen sollten komplett von Wasser befreit werden. Gartenschläuche sollten zusammengerollt an einem frostsicheren Ort überwintert werden, und etwaige Pumpen für eine Brunnenanlage, Pool- oder Teichsysteme müssen abgeschaltet und ebenfalls frostsicher gelagert werden. Zudem sollten Schlauchkupplungen oder ähnliche Anbauteile vom Außenwasserhahn entfernt werden. Der abgestellte Außenwasserhahn sollte geöffnet bleiben, so kann eventuell auftretendes Wasser durch Frost oder Rückstände direkt ablaufen. Nun kann der Garten in die Winterruhe abtauchen und kommt unbeschadet durch die kalte Jahreszeit.

SERVICE

BEZUGSQUELLEN

Kübelpflanzen
www.flora-toskana.com

Gartenmöbel
www.manufactum.de

Beleuchtung
https://prediger.de

Saatgut
www.bingenheimersaatgut.de
www.dreschflegel-saatgut.de
www.magicgardenseeds.de
www.samenfest.de

Kräuter
www.gaißmayer.de
www.kraeuter-und-duftpflanzen.de
www.syringa-pflanzen.de

Gehölze
www.hachmann.de
www.baumschule-horstmann.de

Obst & Gemüse
www.lubera.com

Stauden
www.arends-maubach.de
www.gaißmayer.de
www.graefin-v-zeppelin.com
www.staudenmann.de

Bewässerung
www.blumat.de

Pflanztöpfe
www.elho.com
www.pottburri.de

Dünger, Erde
www.pottburri.de
www.memolife.de
www.kleepura.de

REGISTER

Fette Zahlen verweisen auf Abbildungen.

Den persönlichen Traumgarten — planen und anlegen

176 Seiten

Was macht einen Garten zum echten Traumgarten? Es sind die Menschen, die darin sitzen, spielen, lachen und leben wollen. Mit diesem Buch findet man heraus, wie der ganz persönliche Gartentraum aussehen soll, und lernt, wie man ihn plant. Lilli Straubs Methode schafft Klarheit, indem sie Schritt für Schritt erklärt, wie man sein Grundstück oder eine bestimmte Gartensituation in ein Gartenparadies verwandelt. Das motiviert, selbst kreativ zu werden, und funktioniert ganz unabhängig von Gartengröße und Budget.

kosmos.de

BILDNACHWEIS

103 Farbfotos wurden von Katharina Linthe für dieses Buch aufgenommen.

Weitere Farbfotos von: Flora Press(23): /Kerstin Schmidt S. 11, /gartenfoto.at S. 12, 13, 51 o, 73 alle drei, /Virginie Quéant S. 24, /Nathalie Pasquel S. 25 o, 41 u, /Flora Press S. 25, /Kerstin Schmidt S. 41 o, /FocusOnGarden/Miquel Tres S. 43, /FocusOnGarden/Luckn S. 49 u, /FocusOnGarden/Jürgen Becker S. 53 u, 74 ore, /Sibylle Pietrek S. 75 uli, 78 mi, /Blitzart S. 78 li, 80 o, /Josefin Widell Hultgren S. 79 re, 81 mi, /Visions 115 o; shutterstock (10): /Studio Harmony S. 42, /Delpixel S. 47 li, /Theplantedwanderer S. 47 re, /sophiecat S. 66 u, /VH-studio S. 68, /Mariia Boiko S. 69 re, /pavla S. 74 li, /Danita Delimont S. 93, /DimaBerlin S. 108, /Benedek Alpar S. 118.

Mit 4 Illustrationen von Katharina Linthe.

IMPRESSUM

Umschlaggestaltung von Adam Graphik-Design unter Verwendung von 6 Farbfotos von Katharina Linthes sowie 5 Farbfotos von Flora Press/Sibylle Pietrek (Lavendel), /GWI (Oregano), /Jürgen Becker (Bambushecke als Sichtschutz), /FocusOnGarden, Miquel (Sitzplatz unter Dachplatanen), /Luckner (Sitzplatz unter Ahorn) und 4 Farbfotos von shutterstock/FatimeBarut (Rosmarin), /Kabar (Salbei), /Andrea M77 (Thymian), /Studio Harmony (Markise).
Mit 151 Farbfotos und 4 Farbzeichnungen.

Gedruckt auf umweltfreundlichem Papier, klimaneutral hergestellt.

MIX
Papier | Fördert gute Waldnutzung
FSC www.fsc.org FSC® C110508

Pfizerstraße 5–7, 70184 Stuttgart
kosmos.de/servicecenter

ISBN 978-3-440-18107-2
Projektleitung: Birgit Grimm
Redaktion: Birgit Grimm
Gestaltungskonzept: GRAMISCI Editorialdesign, München
Gestaltung und Satz: Claudia Adam Graphik-Design, Bad Kreuznach
Produktion: Klaus Jost
Druck und Bindung: Westermann Druck Zwickau GmbH, Zwickau
Printed in Germany/Imprimé en Allemagne